JN033726

線形代数と数え上げ
［増補版］

著 **髙﨑金久**
Takasaki Kanehisa

日本評論社

　与えられた条件を満たすものの個数を求めることを「数え上げ」という．数え上げ問題は組合せ論の古典的なテーマであり，高校数学でも順列・組合せなどの話題を通じてその一端を紹介している．高校で学ぶ数え上げの手法は素朴であるが，今日の「代数的組合せ論」と呼ばれる分野では可換環論，有限群論，表現論などからさまざまな代数的手法を取り入れている．また，数理物理学やそれと関連する数学の諸分野においても数え上げ問題は重要であり，近年は興味深い題材が数多く見出されている．

　本書は雑誌『数学セミナー』で 2010 年 4 月号から 2011 年 6 月号にかけて「線形代数と数え上げ」という表題で連載した記事の単行本化である．この連載のテーマは行列や行列式など線形代数の道具を用いて各種の数え上げ問題を扱うことだった．これは古くて新しいテーマである．このテーマに関してよく知られた古典的な話題の 1 つに，以下に紹介するような「全域木」の数え上げ問題がある．

　キルヒホフ（G. R. Kirchhoff）は 19 世紀半ばに電気回路の研究を行って，有名な電気回路の基本法則（キルヒホフの第 1 法則・第 2 法則）にその名を残した．この研究はじつは今日のグラフ理論における線形代数的な方法の原型でもある（当時はまだ「グラフ」も「行列」も知られていなかったのだが）．電気回路の結節点を「点」，それらをつなぐ部品などを「線」に抽象化すれば，「点と線」の構造としてグラフができる．キルヒホフはこれらのつながり具合を数で表現し，回路の電流・電圧に関する連立 1 次方程式を立ててその解法を論じた．これはまさしく線形代数の問題であり，今日のグラフ理論では，グラフのつながり具合を表す数を

「接続行列」や「隣接行列」などの行列に組んで用いている.

全域木はグラフの特別な部分集合であり，文字通り木のように「根」と呼ばれる点から出て，グラフの隅々まで，合流することなく「枝」を伸ばしたものである．全域木の概念はキルヒホフの電気回路の研究の中にすでに登場しており，与えられたグラフにおいて何通りの全域木が可能か，という数え上げ問題の解答もそこに見え隠れしている．この問題の最終的な解答はキルヒホフの研究からほぼ1世紀後にタット(W. T. Tutte)によって(おそらくそれ以前から知られていたことを一般化する形で)「行列と木の定理」として定式化された．この定理によれば，可能な全域木の総数は「グラフのラプラシアン」(別名「キルヒホフ行列」)と呼ばれる行列の余因子として表せる．また，この行列の固有値を用いて全域木の個数を表す定式化もある．このようにして，回路の電流・電圧を求めるという明らかに線形代数的な問題だけでなく，全域木の総数を求めるという組合せ論的な問題も線形代数で扱えるのである．

同様の題材を求めてグラフ理論の教科書をひもとけば，ベルジュ(C. Berge)の『グラフ理論』(伊理正夫訳, サイエンス社, 1976)の中に「完全マッチング」の数え上げに関するカステレイン(P. W. Kasteleyn)の定理(同書第7章定理7)が見つかる(ちなみに，前述のタットの定理も第3章定理21として登場する)．マッチングはグラフの線で結ばれた2点を「つがい」にすることであり，完全マッチングはすべての点が相手を見つけた状態を意味する．カステレインの定理によれば，グラフが平面的(すなわち，平面の上で線が交差しないように描ける)ならば，可能な完全マッチングの総数はある反対称行列の「パフ式」の絶対値として表せる．パフ式(Pfaffian)は行列式の平方根であり，グラフがもう少し特殊なもの(2部グラフ)ならば，パフ式の代わりに行列式を用いることもできる．じつはこのカステレインの定理は統計物理の「ダイマー模型」の解法として1960年代に見出されたものである．

これらは数え上げ問題やそれに帰着する数理物理学の問題が行列式によって解けるという興味深い例である．近年，このような例がほかにもいろいろと見出されている．それらを扱う強力な道具として「非交差経路和」に対するLGV(Lindström-Gessel-Viennot)公式がある．たとえば，「平面分割」あるいは「3次元ヤング図形」の数え上げ問題は(10年ほど前に弦理論との関係が指摘されて以来，ダイマー模型とともに数理物理学で新たな関心を集めているが)LGV公式の格好な応用例である．また，「シューア函数」(表現論や可積分系・パンルヴェ方程式で重要な役割を果たす)

に対するヤコビ–トゥルーディ公式やジャンベリ公式などの行列式表示も LGV 公式によって説明できる.

　これらの話題を紹介するのが本書の目的である.連載開始時には平面分割・3 次元ヤング図形の話を中心に据えて,最後にごく簡単に完全マッチングの話を紹介する予定だったが,連載途中で構想を練り直し,完全マッチングの話の後に全域木の話を追加することにした.単行本化にあたっては,平面分割・3 次元ヤング図形の話を第 I 部に,グラフ理論に関する話を第 II 部にまとめた.さらに,入門的読者のために線形代数の基礎事項を,また,専門的読者のために発展的話題の紹介を,それぞれ付録として新たに書き加えた.なお,連載の初回・第 10 回・最終回を除けば,元の記事は(必要な修正や訂正を行った以外は)ほぼそのまま収録している.

　最後になったが,連載執筆時に毎回の原稿を辛抱強く点検していただいたモスクワの武部尚志氏と,連載から単行本に至るまでお世話いただいた『数学セミナー』編集部の大賀雅美氏に,心より感謝の意を表したい.

2012 年 5 月

著者しるす

■■■■ 増補版まえがき

　本書は雑誌『数学セミナー』の連載記事の単行本化として 2012 年に刊行されて以来，幸いにして多くの読者の好評を得たが，近年は版元品切れの状態が続き，復刊を望む声が寄せられるようになった．そこで，旧版に見つかった誤植を訂正し，文献データを更新するとともに，新たに「フック公式」を紹介する付録を加えて，増補版を刊行することになった．

　「フック公式」は一般線形群や対称群の既約表現の次元をヤング図形のフックの言葉で記述する公式である．これらの次元の値は半標準盤や標準盤の個数に等しく，シューア函数の特殊値として求めることができる．本書の第 7 章〜第 8 章ではこの特殊値を用いて平面分割の数え上げを考察した．他方，フック公式はこれらの次元の値をヤング図形のフックの長さによって表す．フック公式が成り立つからくりはヤング図形とマヤ図形の相互関係によって説明できる．このからくりを解説するのが追加した付録の目的である．フック公式は理論的に興味深いだけでなく，数え上げ幾何学や数理物理学のさまざまな場面で利用される必要不可欠な道具でもある．

　旧版刊行の後に判明したある事実についても触れておきたい．本書の最後の部分(第 14 章〜第 15 章)では全域木の数え上げ問題を取り上げた．そこではこの問題に関連してキルヒホフの業績に触れたのだが，その際に，グラフのラプラシアンが「キルヒホフ行列」とも呼ばれると書いた．確かにそのように呼ぶ習慣や文献もあり，筆者は単行本化の時点でそのことを疑っていなかったのだが，じつはこれは史実に反している．キルヒホフが電気回路に関する 1847 年の論文で考察した

のはグラフのラプラシアンとは別の行列の行列式である．キルヒホフはこの行列式に対して行列と木の定理に関連する命題を示しているのである．グラフのラプラシアンはマクスウェル（J. C. Maxwell）の有名な本 *A Treatise on Electricity and Magnetism*（第1版は1873年に刊行）の中で電気回路の方程式の定式化（キルヒホフとは流儀が異なる）に登場する．ちなみに，行列と木の定理自体の原型はドイツの数学者ボルヒャルト（C. W. Borchardt）の1860年の論文に遡る．これらの事実は一部の専門家には知られていたことだが，当時の筆者はそこまで思いいたらなかった．2017年に刊行された本書の続編『線形代数とネットワーク』ではこの歴史的経緯を踏まえつつ，行列と木の定理を電気回路の視点から解説し直した．

　最後になったが，今回もお世話いただいた日本評論社の大賀雅美氏に感謝の意を表したい．

2021年9月
著者しるす

3次元ヤング図形の数え上げ

第1章

平面分割と非交差経路

これから9章にわたって，線形代数の道具(行列や行列式など)を用いてある種の数え上げ問題を扱う[1]．その技術的な中心をなすのはリンドストレーム(B. Lindström)，ゲッセル(I. M. Gessel)，ヴィエノ(G. Viennot)の3人の数学者の名前を冠する**LGV公式**である．これは有向グラフ(ネットワーク)上の「非交差経路」の重み付き総和を行列式として表す公式であり，1980年代半ばにゲッセルとヴィエノによってその重要性が指摘されて以来[2]，さまざまな方面に応用されている．また，行列式の代わりにパフ式(Pfaffian)の関係する非交差経路和もステンブリッジ(J. R. Steinbridge)によって見出されている[3]．以下ではLGV公式の格好の応用例として(ゲッセルとヴィエノ自身も論じている)**平面分割の数え上げ問題**[2]を取り上げて，最終的には「マクマホン(P. A. MacMahon)の公式」と呼ばれる数え上げ公式を導くことを目標に話を進める．この応用例が興味深いのは，LGV公式の行列式を計算する過程で**シューア(Schur)函数**が登場するからである．シューア函数は多変数対称多項式の古典的な例であり，表現論や可積分系・パンルヴェ(Painlevé)方程式などとも関係が深い[3]．実際，LGV公式はシューア函数自体を理解するにも有用であることがわかる．マクマホンの公式を導出する過程でこれらの話題を併せて解説する．

1 3次元ヤング図形と平面分割

3次元空間(座標をx, y, zとする)の第1象限に一辺の長さが1の立方体を積み上げることを考える．ただし，図1に示す例のように，立方

図1　3次元ヤング図形

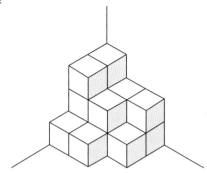

体の面は座標面に平行で，立方体全体は $(-1, -1, -1)$ の方向に働く力に対して安定な配置を取るものとする．このような立体は「ヤング図形」の3次元版という意味で**3次元ヤング図形**と呼ばれる．

　xy 平面の第1象限に線の間隔が1の碁盤の目を描いて，正方形 $[i-1, i] \times [j-1, j]$ の上に積まれている立方体の個数を π_{ij} と表せば，π_{ij} は非負整数で，上に述べた安定性の条件から

$$\pi_{ij} \geqq \pi_{i+1,j}, \qquad \pi_{ij} \geqq \pi_{i,j+1} \qquad (i, j = 1, 2, \cdots)$$

という不等式を満たす．3次元ヤング図形はこれらの非負整数の配列 $\pi = (\pi_{ij})_{i,j=1}^{\infty}$ によって一意的に指定することができる．たとえば，図1の場合には

$$\pi = \begin{pmatrix} 3 & 2 & 2 & 0 & \cdots \\ 3 & 2 & 1 & 0 & \cdots \\ 1 & 1 & 0 & 0 & \cdots \\ 0 & 0 & 0 & 0 & \cdots \\ \vdots & \vdots & \vdots & \vdots & \ddots \end{pmatrix}$$

となる．このような非負整数の配列 π を**平面分割**という．これ以後は3次元ヤング図形と平面分割を同一視する．

　この「平面分割」という言葉には注釈が必要だろう．もともと**分割**（正確に言えば整数分割）とは，与えられた正整数をいくつかの正整数の

---

1)　関連する解説として『数学セミナー』2006 年 11 月号の石川の記事[1]も参照されたい．
2)　ブレスードの本[4]に歴史的背景も含めて詳しい解説がある．
3)　日本語の解説書として岡田[5]，白石[6]，高崎[7]，野海[8]を掲げておく．

和として表すことを意味する[4]. たとえば 4 の分割[5] は

$$4 = 1+1+1+1$$
$$= 2+1+1$$
$$= 2+2$$
$$= 3+1$$
$$= 4$$

の 5 通りある. これらは $(1,1,1,1,0,\cdots)$, $(2,1,1,0,\cdots)$ などの 1 次元配列として表せる. 一般に, 不等式 $\lambda_i \geqq \lambda_{i+1}$ $(i = 1, 2, \cdots)$ を満たす非負整数の 1 次元配列 $\lambda = (\lambda_i)_{i=1}^{\infty}$ は**ヤング**(Young)**図形**に 1 対 1 対応する[6]. ヤング図形の描き方にはいくつかの流儀があるが, 前述の 3 次元ヤング図形のように xy 平面の第 1 象限内に描くやりかた[7]では, x 軸の区間 $[i-1, i]$ $(i = 1, 2, \cdots)$ の上に 1 辺の長さが 1 の正方形を λ_i 個積む. 4 の分割に対応するヤング図形の場合には図 2 のようになる.

このような 1 次元的な分割を 2 次元化したのが平面分割である. その意味で, 図 1 を表す平面分割は 15 の分割を平面的に配置したもの

$$15 = \quad 3+2+2$$
$$+3+2+1$$
$$+1+1$$

ということになる.

図2 4 の分割に対応するヤング図形

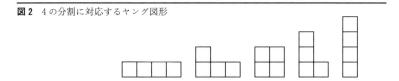

今の設定では, 正整数を分割する, という本来の意味は忘れて, 1 次元配列 $\lambda = (\lambda_i)_{i=1}^{\infty}$ や 2 次元配列 $\pi = (\pi_{ij})_{i,j=1}^{\infty}$ 自体を分割や平面分割と呼んでいる. これに伴って, 0 だけからなる分割や平面分割(共通の記号 ∅ で表される)も認めることにする. 分割・平面分割の**大きさ**(あるいは**次数**)を

$$|\lambda| = \sum_{i=1}^{\infty} \lambda_i, \quad |\pi| = \sum_{i,j=1}^{\infty} \pi_{ij}$$

と定義するが, これが分割される整数に相当する.

2 平面分割と非交差経路

r, s, t を正整数とする．平面分割 π の表す 3 次元ヤング図形が $r \times s \times t$ の箱

$$B(r, s, t) = [0, r] \times [0, s] \times [0, t]$$

に含まれることを，集合の記号を流用して，$\pi \subseteqq B(r, s, t)$ と表す．このような**箱入り平面分割**の総数

$$N_{r,s,t} = |\{\pi \,|\, \pi \subseteqq B(r, s, t)\}|$$

を求める問題が非交差経路の数え上げ問題に翻訳できることを説明しよう．

$B(r, s, t)$ の 2 頂点 $(r, 0, 0), (r, 0, t)$ を結ぶ辺の上に t 個の点 $A_i = \left(r, 0, t + \frac{1}{2} - i\right)(i = 1, 2, \cdots, t)$ を選ぶ．さらに 2 頂点 $(0, s, 0), (0, s, t)$ を結ぶ辺の上にも t 個の点 $B_i = \left(0, s, t + \frac{1}{2} - i\right)(i = 1, 2, \cdots, t)$ を選ぶ．$\pi \subseteqq B(r, s, t)$ が与えられれば，A_i から出発し，水平面 $z = t + \frac{1}{2} - i$ の上を 3 次元ヤング図形の第 1 象限に面した境界に沿って進んで B_i に至る（ただし，3 次元ヤング図形の境界に至るまでは xz 座標平面に沿って，また 3 次元ヤング図形の境界を離れた後は yz 座標平面に沿って進む）経路 P_i が決まる（図3，次ページ）．この経路（あるいは折れ線）に組合せ論の専門家デブライン（N. G. de Bruijn）[8] の名前を冠して**デブライン経路**と呼ぶことにする．

デブライン経路を第 1 象限内の遠方から原点に向かって眺めたものを平面上の図形として描けば，図 4（次ページ）のような模式図ができる．この図（混乱のおそれがない限り，空間内の図形と平面上の図形を同じ記号で表すことにする）において，経路の始点 $A_1, \cdots, A_t$ と終点 $B_1, \cdots, B_t$ は互いに平行な直線の上に等間隔で固定されている．A_i と B_i を結ぶ経路 P_i

---

4) 整数分割に関する解説書としてアンドリュース-エリクソン[9] を掲げておく．

5) パンルヴェ方程式と関係がある．

6) 分割あるいはヤング図形はシューア函数を扱う際に基本的な役割を果たす．シューア函数は分割あるいはヤング図形を指定するごとに決まるもので，分割 λ に対応するシューア函数は $s_\lambda(x_1, \cdots, x_n)$ というように表される．

7) フランス流の描き方であるらしい．

8) de Bruijn はオランダ系の名前であるが，複雑な母音をもつことで知られるオランダ語の中でも "ui" は特に発音が難しい（決して「ウイ」という発音ではない）．ここではカタカナで「アイ」と表記する習慣に従ったが，それも正確な発音とはかなり異なる．

図3 デブライン経路

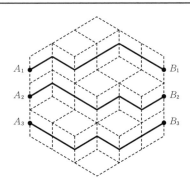

図4 デブライン経路の平面図

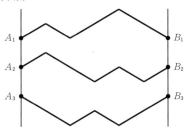

図5 デブライン経路の背後にある有向グラフ

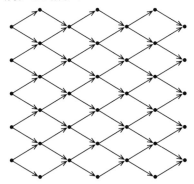

では右上向きの移動 ↗ を r 回，右下向きの移動 ↘ を s 回行ってい
る．幾何学的設定をもう少し明確にするには，たとえば，点列 A_i, B_i
はそれぞれ間隔 1 で並んでいて，1 回の移動 ↗，↘ は

$$\nearrow = \left(1, \frac{1}{2}\right), \qquad \searrow = \left(1, -\frac{1}{2}\right)$$

というベクトルで与えられる，とすればよい．実際には，このような距離付けは便宜上のものであり，数え上げ問題を考えるためには図5に示すような有向グラフ(2種類の移動 ↗, ↘ は頂点を結ぶ有向辺として組み込まれている)を用意して，その上の経路(隣接する有向辺をたどりながら移動する)を考えればよい．

　空間内のデブライン経路が互いに交差しないことに対応して，平面(あるいは有向グラフ)の上の経路 $P_1, \cdots, P_t$ も互いに交差しない**非交差経路**になっている．逆に，このような非交差経路の組 $\boldsymbol{P} = (P_1, \cdots, P_t)$ が与えられれば，それに対応する3次元ヤング図形が $B(r, s, t)$ の中にただ1つ定まることも明らかだろう．このように，箱入り平面分割 $\pi \cong B(r, s, t)$ と非交差経路の組 $\boldsymbol{P} = (P_1, \cdots, P_t)$ の間には1対1対応がある．この対応によって，箱入り平面分割の数え上げ問題は非交差経路の数え上げ問題に帰着するのである．

3 ▐ 非交差経路の数え上げ

　「LGV公式」によれば，一般に図5のように閉路(ある頂点から出発してその頂点に戻る経路)の存在しない有向グラフと，その上の**適合条件**と呼ばれる条件

　　　$i < k$ かつ $j > l$ ならば A_i から B_j に至る経路と A_k から B_l に
　　　至る経路は必ず交わる

を満たす始点の集合 $\boldsymbol{A} = (A_1, \cdots, A_t)$ と終点の集合 $\boldsymbol{B} = (B_1, \cdots, B_t)$ に対して，A_i から B_i への経路 P_i からなる非交差経路の組 $\boldsymbol{P} = (P_1, \cdots, P_t)$ の総数 $G(\boldsymbol{A}, \boldsymbol{B})$ は

　　　$G(\boldsymbol{A}, \boldsymbol{B}) = \det(G_{ij})_{i,j=1}^t$

という行列式表示をもつ．ここで G_{ij} は A_i から B_j へ至る経路の総数である．非交差条件を課した複数の経路の組の総数が1本の経路(ただし，非交差経路と違って異なる番号の始点 A_i と終点 B_j の間を結ぶものも考える)の総数を並べた行列式で表せる，というのであるから，ずいぶん不思議な等式である．この等式(LGV公式の特別な場合であり，左辺は非交差経路の「重み付き総和」に一般化できる)が成立する仕組みについては次章で詳しく説明する．

　デブライン経路の場合には(LGV公式を適用する条件は満たされている)，A_i から B_j へ到達するのに $r+s$ 回の移動のうち ↗ を $r+i-j$ 回，↘ を $s-i+j$ 回選ぶことになるので，G_{ij} は組合せの数(あるいは2項係

数)として

$$G_{ij} = \binom{r+s}{r+i-j}$$

と表せる．こうして $N_{r,s,t}$ に対して

$$N_{r,s,t} = \det\left(\binom{r+s}{r+i-j}\right)_{i,j=1}^{t}$$

という行列式表示が得られる．ちなみに，この結果は組合せの数の対称性や行と列の添え字の入れ替えによって

$$N_{r,s,t} = \det\left(\binom{r+s}{s-i+j}\right)_{i,j=1}^{t},$$

$$N_{r,s,t} = \det\left(\binom{r+s}{r-i+j}\right)_{i,j=1}^{t},$$

$$N_{r,s,t} = \det\left(\binom{r+s}{s+i-j}\right)_{i,j=1}^{t}$$

などとも書き直せることに注意されたい．

　話はこれで終わりではなくて，この行列式の値を求める問題が残っている．シューア函数はそこに登場する．すなわち，この行列式はあるシューア函数の特殊値に等しく，そのことを利用して値を具体的に計算できるのである．こうして最終的には $N_{r,s,t}$ に対して

$$N_{r,s,t} = \prod_{i=1}^{r}\prod_{j=1}^{s}\prod_{k=1}^{t}\frac{i+j+k-1}{i+j+k-2}$$

という美しい表示式が得られる．これが**マクマホンの公式**である．シューア函数については，次章でLGV公式を説明した後，数章にわたって解説する．そこではシューア函数自体の非交差経路和としての解釈も登場する．

参考文献

[1] 石川雅雄，代数的組合せ論，『数学セミナー』2006年11月号，32-36.

[2] I. M. Gessel and G. Viennot, *Binomial determinants, paths, and hook length formulae*, Adv. in Math. **58** (1985), 300-321; *Determinants, paths, and plane partitions*, preprint (1989).

[3] J. R. Stembridge, *Nonintersecting paths, Pfaffians, and plane partitions*, Adv. in Math. **83** (1990), 96-131.

[4] D. M. Bressoud, "*Proofs and Confirmations: The Story of the Alternating Sign Matrix Conjecture*" (Cambridge University Press, 1999).

[5] 岡田聡一『古典群の表現論と組合せ論(上・下)』(培風館，2006).

[6] 白石潤一『量子可積分系入門』臨時別冊・数理科学SGCライブラリ，(サイエンス社，2003).

［7］高崎金久『［復刊］可積分系の世界』(共立出版，2013).
［8］野海正俊『パンルヴェ方程式 —— 対称性からの入門』(朝倉書店，2000).
［9］G.W. アンドリュース，K. エリクソン（佐藤文広訳）『整数の分割』(数学書房，2006).

第2章

LGV公式

　本章では LGV（Lindström-Gessel-Viennot）**公式**について一般的に解説する．最初に有向グラフに関する言葉と記号を説明し，それを用いてLGV公式を定式化してから証明に入る．証明は純粋に組合せ的なので，例などを交えて直観に訴えつつ素朴に説明する「アマ向き」のやり方もあり得るが，ここではさまざまな集合や写像を導入して曖昧さを極力排除した「プロ向き」（というのも大げさだが）の形式で話を進める．集合や写像の使い方にある程度慣れていれば難なく理解できるはずである（むしろ説明が冗長に感じられるかもしれない）．

1　有向グラフに関する言葉と記号

　有向グラフとは，いくつかの**頂点**とそれらを結ぶ**辺**（正確に言えば向きをもつ**有向辺**であり，手短かに**弧**ともいう）からなるものであり，抽象的には頂点の集合 V と辺の集合 E の組 (V, E) として理解される．以下では任意の2頂点間には同じ向きの辺が高々1個存在する場合のみ考える．そのような場合には，辺は始点 $a \in V$ と終点 $b \in V$ の組 (a, b) として表すことができる（したがって，E は V の2個の直積 $V \times V$ の部分集合とみなせる）．たとえば，図1の場合には $V = \{v_1, \cdots, v_6\}$ であり，E は9個の辺 (v_1, v_2), (v_2, v_3), (v_1, v_4), (v_1, v_5), (v_2, v_5), (v_2, v_6), (v_3, v_6), (v_4, v_5), (v_5, v_6) からなる．この例のように，以下では V が有限集合の場合のみ考えて，必要に応じてその要素に適当に番号を割り振って

$$V = \{v_1, v_2, \cdots, v_N\} \qquad (1)$$

と表す．

図 1　無閉路有向グラフの例

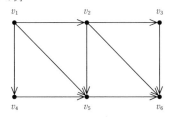

$(a_0, a_1) \in E, (a_1, a_2) \in E, \cdots$ というように辺によって次々に結ばれる頂点の列 $a_0, a_1, \cdots, a_n$ は $a = a_0$ を始点，$b = a_n$ を終点とする**経路**(道ともいう)を定める．この経路を $(a_0, a_1, \cdots, a_n)$ と表す．始点 a と終点 b が一致する経路を**閉路**という．有向グラフでは 2 頂点間に逆向きの辺が共存することは許されるので，(a, b) と (b, a) がともに辺であれば，(a, b, a) あるいは (b, a, b) という閉路ができる．さらに，頂点 a をそれ自身と結ぶ (a, a) という辺(**ループ**と呼ばれる)も許されるが，もちろんループはそれ自体が閉路である．また，図 1 の有向グラフには閉路が存在しないが，そこにたとえば (v_3, v_1) という辺を付け加えれば，(v_1, v_2, v_3, v_1) という閉路ができる．

　LGV 公式が適用できるのは図 1 のような**無閉路有向グラフ**(すなわち閉路の存在しない有向グラフ)である．閉路が存在する有向グラフには LGV 公式は適用できない．

　LGV 公式の説明のため，経路の集合を表す記号も用意しておこう．2 頂点 a, b に対して a から b に至る経路全体の集合を $\mathcal{P}(a, b)$ と表す．また，頂点の組 $\boldsymbol{A} = (a_1, \cdots, a_t)$，$\boldsymbol{B} = (b_1, \cdots, b_t)$ に対して経路 $P_i \in \mathcal{P}(a_i, b_i)$ の組 $\boldsymbol{P} = (P_1, \cdots, P_t)$ 全体の集合を $\mathcal{P}(\boldsymbol{A}, \boldsymbol{B})$ と表す．言い換えれば

$$\mathcal{P}(\boldsymbol{A}, \boldsymbol{B}) = \mathcal{P}(a_1, b_1) \times \cdots \times \mathcal{P}(a_t, b_t)$$

である．$\boldsymbol{A}, \boldsymbol{B}$ の中身を明示する場合には $\mathcal{P}(a_1, \cdots, a_t ; b_1, \cdots, b_t)$ と表す(この表示では $a_1, \cdots, a_t, b_1, \cdots, b_t$ の順序が重要になるので注意されたい)．LGV 公式が扱うのは $P_1, \cdots, P_t$ が**非交差**な(すなわち互いに交差しない)経路の組である．$\mathcal{P}(\boldsymbol{A}, \boldsymbol{B})$ の中で非交差経路の組全体からなる部分集合を $\mathcal{P}_0(\boldsymbol{A}, \boldsymbol{B})$，その補集合を $\mathcal{P}_1(\boldsymbol{A}, \boldsymbol{B})$ と表す．たとえば，図 1 において

$$\boldsymbol{A} = (v_1, v_2), \qquad \boldsymbol{B} = (v_5, v_6) \tag{2}$$

の場合を考えれば，$\mathcal{P}_0(\boldsymbol{A}, \boldsymbol{B})$ は次の 4 通りの経路の組 (P_1, P_2) からなる：

$$P_1 = (v_1, v_4, v_5), \qquad P_2 = (v_2, v_6) ;$$
$$P_1 = (v_1, v_4, v_5), \qquad P_2 = (v_2, v_3, v_6) ;$$
$$P_1 = (v_1, v_5), \qquad P_2 = (v_2, v_6) ;$$
$$P_1 = (v_1, v_5), \qquad P_2 = (v_2, v_3, v_6). \tag{3}$$

2 LGV公式

以下では，各辺 $e = (a, b)$ に**重み**と呼ばれる量 $w(e) = w(a, b)$[1] が指定された無閉路有向グラフを考える．このとき経路 $P = (a_0, a_1, \cdots, a_n)$ の重みを

$$w(P) = \prod_{i=1}^{n} w(a_{i-1}, a_i),$$

経路の組 $\boldsymbol{P} = (P_1, \cdots, P_t)$ の重みを

$$w(\boldsymbol{P}) = \prod_{i=1}^{t} w(P_i)$$

と定める．こうして，始点の組 $\boldsymbol{A}$ と終点の組 $\boldsymbol{B}$ が与えられれば，非交差経路の組全体にわたる重みの総和

$$G(\boldsymbol{A}, \boldsymbol{B}) = \sum_{\boldsymbol{P} \in \mathcal{P}_0(\boldsymbol{A}, \boldsymbol{B})} w(\boldsymbol{P})$$

と a_i から b_j に至る経路の重みの総和

$$G_{ij} = \sum_{\boldsymbol{P} \in \mathcal{P}(a_i, b_j)} w(\boldsymbol{P})$$

が定まる[2]．ここで有向グラフを無閉路とする理由の１つがわかる．閉路があれば，それを何回でも回る経路が可能になり，$G(\boldsymbol{A}, \boldsymbol{B})$ や G_{ij} が無限和を含んで発散することが起こり得るからである．さらに，次の定理に示すように，LGV 公式が成立するためには $\boldsymbol{A}, \boldsymbol{B}$ に対して「適合条件」が要求される．

定理 頂点の組 $\boldsymbol{A} = (a_1, \cdots, a_t)$, $\boldsymbol{B} = (b_1, \cdots, b_t)$ が**適合条件**
$\quad i < k$ かつ $j > l$ ならば a_i から b_j に至る経路と a_k から b_l に
$\quad$ 至る経路は必ず交わる
を満たすならば**LGV 公式**

$$G(\boldsymbol{A}, \boldsymbol{B}) = \det(G_{ij})_{i,j=1}^{t} \tag{4}$$

が成立する．

特に，すべての重みが１の場合には，LGV 公式(4)は非交差経路の

012

組の総数 $|\mathcal{P}_0(\boldsymbol{A},\boldsymbol{B})|$ を a_i から b_j に至る経路の総数 $|\mathcal{P}(a_i,b_j)|$ の行列式として表す等式

$$|\mathcal{P}_0(\boldsymbol{A},\boldsymbol{B})| = \det(|\mathcal{P}(a_i,b_j)|)^t_{i,j=1} \qquad (5)$$

になる．前章で紹介した「箱入り平面分割」の数え上げ問題はこの公式の応用例である．また，図1において $\boldsymbol{A},\boldsymbol{B}$ を(2)のように選んだ場合には，$\mathcal{P}_0(\boldsymbol{A},\boldsymbol{B})$ は(3)に示した4通りの経路からなるので

$$|\mathcal{P}_0(\boldsymbol{A},\boldsymbol{B})| = 4$$

であるが，(5)の右辺の行列式の値を求めれば

$$\begin{vmatrix} 3 & 5 \\ 1 & 3 \end{vmatrix} = 4$$

となるので，たしかに話は合っている．これ以外の場合についてもいろいろ実験してみるとよい．もっとも，そのような実験から LGV 公式が成立する仕組を見抜くことは難しいだろう．

3 2本の非交差経路の場合の証明

一般の場合の LGV 公式(4)の証明[1, 2]は技術的・記号的にわかりにくいところがあるが，$t = 2$，すなわち経路が2本の場合にはその負担はかなり軽減される．証明の核心となるアイディアをまずこの場合に説明してから，次節で一般の場合を扱うことにする．

この場合の LGV 公式の右辺の行列式

$$\det(G_{ij})^2_{i,j=1} = G_{11}G_{22} - G_{12}G_{21}$$

に G_{ij} の定義式

$$G_{11} = \sum_{P_1 \in \mathcal{P}(a_1,b_1)} w(P_1), \qquad G_{22} = \sum_{P_2 \in \mathcal{P}(a_2,b_2)} w(P_2),$$

$$G_{12} = \sum_{Q_1 \in \mathcal{P}(a_1,b_2)} w(Q_1), \qquad G_{21} = \sum_{Q_2 \in \mathcal{P}(a_2,b_1)} w(Q_2)$$

を代入して展開すれば，経路に関する展開

---

1) 今後の応用では数や関数を想定しているが，より一般的に，ある可換環の要素であってもよい．

2) 総和記号はその下に書いた条件を満たす $\boldsymbol{P}$ や P 全体についての総和を表す．これ以後，同様の総和記号を断りなしに用いる．

$$\det(G_{ij})_{i,j=1}^2 = \sum_{(P_1,P_2)\in\mathcal{P}(a_1,a_2;b_1,b_2)} w(P_1)w(P_2)$$

$$- \sum_{(Q_1,Q_2)\in\mathcal{P}(a_1,a_2;b_2,b_1)} w(Q_1)w(Q_2) \quad (6)$$

が得られる．右辺の第2の総和における Q_1, Q_2 は適合条件によって必ず交差するが，第1の総和における P_1, P_2 には交差する場合と交差しない場合がある．それらを分ければ，行列式の値は最終的に

$$\det(G_{ij})_{i,j=1}^2 = \sum_{(P_1,P_2)\in\mathcal{P}_0(a_1,a_2;b_1,b_2)} w(P_1)w(P_2)$$

$$+ \sum_{(P_1,P_2)\in\mathcal{P}_1(a_1,a_2;b_1,b_2)} w(P_1)w(P_2)$$

$$- \sum_{(Q_1,Q_2)\in\mathcal{P}(a_1,a_2;b_2,b_1)} w(Q_1)w(Q_2) \quad (7)$$

と表せる．

じつは，(7)の右辺の第2の総和の $(P_1, P_2)\in\mathcal{P}_1(a_1, a_2 ; b_1, b_2)$ と第3の総和の $(Q_1, Q_2)\in\mathcal{P}(a_1, a_2 ; b_2, b_1)$ の間には以下に説明するような1対1対応があり，それによって対応する項同士が打ち消し合う．結果として(7)の右辺では最初の総和のみが生き残るのだが，この総和は $G(\boldsymbol{A}, \boldsymbol{B})$ にほかならない．こうしてLGV公式(4)が($t = 2$ の場合に)証明できる．

この1対1対応を定義するために，有向グラフの頂点全体にあらかじめ(1)のように番号を割り振っておく．さらに，新たな記号として，一般に経路 $P\in\mathcal{P}(a, b)$ とその上の頂点 a', b' に対して，a' から b' に至る部分を $P(a' \to b')$ と表すことにする．この記号を用いて，$(P_1, P_2)\in\mathcal{P}_1(a_1, a_2 ; b_1, b_2)$ に対応する $(Q_1, Q_2)\in\mathcal{P}(a_1, a_2 ; b_2, b_1)$ を

$$Q_1 = P_1(a_1 \to c)\cdot P_2(c \to b_2),$$
$$Q_2 = P_2(a_2 \to c)\cdot P_1(c \to b_1)$$

と定める．ここで c は P_1, P_2 の交点全体の中で(1)の意味で番号が最小の頂点であり，上の定義式の右辺は c を終点・始点とする2つの経路を連結したものである．要するに，Q_1, Q_2 は P_1, P_2 を途中の c で乗り換えて得られる経路である(図2)．

こうして定義される対応 $(P_1, P_2) \mapsto (Q_1, Q_2)$ は $\mathcal{P}_1(a_1, a_2 ; b_1, b_2)$ から $\mathcal{P}(a_1, a_2 ; b_2, b_1)$ への1対1写像であり，同じ交点 c に関する乗り換えで逆写像 $(Q_1, Q_2) \mapsto (P_1, P_2)$ も定義できる．これが上で予告した1対1対応である．Q_1, Q_2 は P_1, P_2 の辺を一部交換して得られるものであるから，重みは全体として不変，すなわち

図2 P_1, P_2(上)とQ_1, Q_2(下)

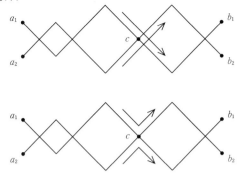

$$w(Q_1)w(Q_2) = w(P_1)w(P_2)$$

という等式が成立する. こうしてこれらの項が(7)の中で打ち消し合うことがわかる.

4 一般の場合の証明

以下では, ステンブリッジ[2]に従って経路の本数 t が一般の場合のLGV公式を証明する. 証明は少し長くなるので, いくつかの段階に分けて説明する. なるべく $t = 2$ の場合と対応する形で説明を進めるので, わかりにくければその場合と見比べながら読んでみてほしい.

4.1 第1段階:行列式の経路に関する展開

LGV公式(4)の右辺を行列式の定義通りに

$$\det(G_{ij})_{i,j=1}^t = \sum_{\sigma \in S_t} \text{sgn}(\sigma) \prod_{i=1}^t G_{i\sigma(i)}$$

と表す. ここで S_t は $1, \cdots, t$ の置換全体の集合(すなわち t 次対称群)であり, $\text{sgn}(\sigma)$ は置換 σ の符号を表す. ここに

$$G_{i\sigma(i)} = \sum_{P_i \in \mathcal{P}(a_i, b_{\sigma(i)})} w(P_i)$$

を代入すれば, 行列式は置換 σ と

$$\boldsymbol{P} = (P_1, \cdots, P_t) \in \mathcal{P}(a_1, \cdots, a_t ; b_{\sigma(1)}, \cdots, b_{\sigma(t)})$$

という形の経路の組 $\boldsymbol{P}$ の両方に関する $\text{sgn}(\sigma)w(\boldsymbol{P})$ の総和に展開される. ここで見方を変えて, この総和を $a_1, \cdots, a_t$ から $b_1, \cdots, b_t$ の任意

の置換への経路の組全体の集合[3)]

$$\widetilde{\mathcal{P}}(\boldsymbol{A}, \boldsymbol{B}) = \bigcup_{\sigma \in S_t} \mathcal{P}(a_1, \cdots, a_t ; b_{\sigma(1)}, \cdots, b_{\sigma(t)})$$

にわたるものとみなし，σ を個々の経路の組 $\boldsymbol{P}$ に付随して決まるもの $\sigma = \sigma_P$ と解釈すれば，(4)の右辺は

$$\det(G_{ij})_{i,j=1}^t = \sum_{\boldsymbol{P} \in \widetilde{\mathcal{P}}(\boldsymbol{A},\boldsymbol{B})} \mathrm{sgn}(\sigma_P) w(\boldsymbol{P}) \qquad (8)$$

と表せる．これを $t = 2$ の場合に特殊化すれば(6)になる．すなわち，(6)の第1の総和は $\sigma_P = e$ (恒等置換)の項から，また第2の総和は $\sigma_P = (1,2)$(互換)の項からなる．

$\widetilde{\mathcal{P}}(\boldsymbol{A}, \boldsymbol{B})$ は $\mathcal{P}_0(\boldsymbol{A}, \boldsymbol{B})$ を部分集合として含んでいる．その補集合を $\widetilde{\mathcal{P}}_1(\boldsymbol{A}, \boldsymbol{B})$ と表すことにする．$\widetilde{\mathcal{P}}_1(\boldsymbol{A}, \boldsymbol{B})$ に属する経路の組 $\boldsymbol{P} = (P_1, \cdots, P_t)$ は $\mathcal{P}_1(\boldsymbol{A}, \boldsymbol{B})$ に属する($\sigma_P = e$)か，あるいは $\sigma_P \neq e$ となるか，いずれかである．後者の場合にも適合条件によって $P_1, \cdots, P_t$ の中に交差する対があるので，$\widetilde{\mathcal{P}}_1(\boldsymbol{A}, \boldsymbol{B})$ のすべての要素は交差経路対をもつことになる．こうして $\widetilde{\mathcal{P}}(\boldsymbol{A}, \boldsymbol{B})$ の要素は集合の分割

$$\widetilde{\mathcal{P}}(\boldsymbol{A}, \boldsymbol{B}) = \mathcal{P}_0(\boldsymbol{A}, \boldsymbol{B}) \cup \widetilde{\mathcal{P}}_1(\boldsymbol{A}, \boldsymbol{B})$$

によって非交差なものと交差経路対をもつものに仕分けされる．

この集合の分割に対応して(8)の右辺は

$$\det(G_{ij})_{i,j=1}^t = \sum_{\boldsymbol{P} \in \mathcal{P}_0(\boldsymbol{A},\boldsymbol{B})} \mathrm{sgn}(\sigma_P) w(\boldsymbol{P}) + \sum_{\boldsymbol{P} \in \widetilde{\mathcal{P}}_1(\boldsymbol{A},\boldsymbol{B})} \mathrm{sgn}(\sigma_P) w(\boldsymbol{P})$$

$$(9)$$

と書き直せる．右辺の第1の総和は $G(\boldsymbol{A}, \boldsymbol{B})$ にほかならないので，LGV公式を証明するには右辺の第2の総和が0になることを示せばよい．

4.2 **第2段階：$\widetilde{\mathcal{P}}(\boldsymbol{A}, \boldsymbol{B})$ 上の対合写像 ι**

(9)における項の打ち消し合いを説明するため，**対合写像** $\iota : \widetilde{\mathcal{P}}(\boldsymbol{A}, \boldsymbol{B}) \to \widetilde{\mathcal{P}}(\boldsymbol{A}, \boldsymbol{B})$ を導入する．「対合[4)]」とは2回合成が恒等写像になる

$$\iota \circ \iota = \mathrm{id}$$

という意味である．この写像は前節で用いた対応 $(P_1, P_2) \leftrightarrow (Q_1, Q_2)$ に相当するものである．そこではこの ι が $\widetilde{\mathcal{P}}(a_1, a_2 ; b_1, b_2)$ の部分集合の間の1対1対応として現れているが，ここでは $\widetilde{\mathcal{P}}(\boldsymbol{A}, \boldsymbol{B})$ 全体で定義する．

あらかじめ頂点全体に(1)のように番号を割り振っておいてから，$\widetilde{\mathcal{P}}(\boldsymbol{A}, \boldsymbol{B})$ の各要素 $\boldsymbol{P} = (P_1, \cdots, P_t)$ に対して $\iota(\boldsymbol{P})$ を以下のように場合分けして定義する．

- $\boldsymbol{P} \in \mathcal{P}_0(\boldsymbol{A}, \boldsymbol{B})$ のときには
$$\iota(\boldsymbol{P}) = \boldsymbol{P}$$
と定義する．
- $\boldsymbol{P} \in \widetilde{\mathcal{P}}_1(\boldsymbol{A}, \boldsymbol{B})$ のときには，$\boldsymbol{P}$ に属する経路対の交点全体の集合(第1段階で注意したように，これは空ではない)の中で(1)の意味で番号が最小の頂点を c として，c を通る $\boldsymbol{P}$ の経路の中で番号が最小のもの P_{i_1} と番号が2番目に小さいもの P_{i_2} を考える．それらを用いて経路の組 $\boldsymbol{Q} = (Q_1, \cdots, Q_t)$ を
$$Q_{i_1} = P_{i_1}(a_{i_1} \to c) \cdot P_{i_2}(c \to b_{\sigma_{\boldsymbol{P}}(i_2)}),$$
$$Q_{i_2} = P_{i_2}(a_{i_2} \to c) \cdot P_{i_1}(c \to b_{\sigma_{\boldsymbol{P}}(i_1)}),$$
$$Q_i = P_i \qquad (i \neq i_1, i_2)$$
と定めて(要するに，図2において添え字の1, 2を i_1, i_2 に置き換えた設定である)
$$\iota(\boldsymbol{P}) = \boldsymbol{Q}$$
と定義する．

ι が対合写像になることは定義からすぐにわかる．実際，$\boldsymbol{P} \in \mathcal{P}_0(\boldsymbol{A}, \boldsymbol{B})$ の場合には明らかに $\iota(\iota(\boldsymbol{P})) = \boldsymbol{P}$ となるが，$\boldsymbol{P} \in \widetilde{\mathcal{P}}_1(\boldsymbol{A}, \boldsymbol{B})$ の場合にも，$\boldsymbol{Q} = \iota(\boldsymbol{P})$ において c, P_{i_1}, P_{i_2} に相当するのは c, Q_{i_1}, Q_{i_2} であるから，もう一度 c で乗り換えればもとの P_{i_1}, P_{i_2} に戻って $\iota(\boldsymbol{Q}) = \boldsymbol{P}$ となる．

4.3 ■ **第3段階：項の打ち消し合い**

上の定義から，ι の $\mathcal{P}_0(\boldsymbol{A}, \boldsymbol{B})$ への制限は恒等写像であるが，$\widetilde{\mathcal{P}}_1(\boldsymbol{A}, \boldsymbol{B})$ への制限は $\widetilde{\mathcal{P}}_1(\boldsymbol{A}, \boldsymbol{B})$ 自体への1対1写像で，任意の $\boldsymbol{P}$ に対して $\iota(\boldsymbol{P}) \neq \boldsymbol{P}$ となる．したがって，$\widetilde{\mathcal{P}}_1(\boldsymbol{A}, \boldsymbol{B})$ から

---

3)　右辺の合併記号はその下に書いた条件を満たす σ 全体についての合併を表す．
4)　英語で involution という．対合写像はそれ自体の逆写像とみなせるので，1対1写像(全単射)になる．

$$Q_n = \iota(P_n), \qquad P_n = \iota(Q_n)$$

というように対応する要素の対 $(P_1, Q_1), (P_2, Q_2), \cdots$（有限個で終わる）を次々に選び出して（選び方の基準は特になく, どのように選んでもよい）

$$\widetilde{\mathcal{P}}_{1L} = \{P_1, P_2, \cdots\}, \qquad \widetilde{\mathcal{P}}_{1R} = \{Q_1, Q_2, \cdots\}$$

という集合を考えれば, $\widetilde{\mathcal{P}}_1(A, B)$ はこれらの部分集合（共通部分はない）の合併になる. こうして, $\widetilde{\mathcal{P}}(A, B)$ の3分割

$$\widetilde{\mathcal{P}}(A, B) = \mathcal{P}_0(A, B) \cup \widetilde{\mathcal{P}}_{1L}(A, B) \cup \widetilde{\mathcal{P}}_{1R}(A, B)$$

が得られる（図3）.

図3 $\widetilde{\mathcal{P}}(A, B)$ の分割と対合写像 ι

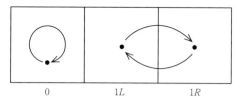

$$0 \qquad 1L \qquad 1R$$

この分割によって(9)の右辺第2の総和は2つに分かれて

$$\det(G_{ij})^t_{i,j=1} = \sum_{P \in \mathcal{P}_0(A,B)} \mathrm{sgn}(\sigma_P) w(P)$$

$$+ \sum_{P \in \widetilde{\mathcal{P}}_{1L}(A,B)} \mathrm{sgn}(\sigma_P) w(P)$$

$$+ \sum_{Q \in \widetilde{\mathcal{P}}_{1R}(A,B)} \mathrm{sgn}(\sigma_Q) w(Q) \tag{10}$$

となる. これは前節の(7)に相当する. また, ι は $\widetilde{\mathcal{P}}_{1L}(A, B)$ と $\widetilde{\mathcal{P}}_{1R}(A, B)$ の間の1対1対応を与えるが, それが前節で(7)の項の打ち消し合いを説明する際に用いた1対1対応 $(P_1, P_2) \leftrightarrow (Q_1, Q_2)$ の役割を果たす. 実際, $P \in \widetilde{\mathcal{P}}_{1L}(A, B)$ に対して $Q = \iota(P) \in \widetilde{\mathcal{P}}_{1R}(A, B)$ を考えれば, ι の定義から, P, Q に付随する置換は

$$\sigma_Q = \sigma_P \cdot (i_1, i_2)$$

という関係で結ばれていることがわかり, 互換の符号は -1 であるから

$$\mathrm{sgn}(\sigma_Q) = -\mathrm{sgn}(\sigma_P)$$

となる. 他方, Q に含まれる辺全体と P に含まれる辺全体は同じなので, Q と P の重みは等しい. したがって

$$\mathrm{sgn}(\sigma_Q) w(Q) = -\mathrm{sgn}(\sigma_P) w(P)$$

という等式が成立する. こうして(10)の右辺の第2の総和と第3の総和(同じ個数の項からなる)が項別に打ち消し合うことがわかり, LGV公式の証明が終わる. □

　LGV公式が成立する理由がおわかりいただけただろうか. じつはステンブリッジ[2]のもとの証明は1ページにも満たないごく短いもので, 初めて読むときにはかなりわかりにくい. ここではその細部を補って, くどいほど丁寧に説明してみた. 証明の鍵は対合写像 ι であり, それによって非交差経路以外の項の打ち消し合いの仕組がきわめて明快に説明できたのである.

参考文献

[1] I. M. Gessel and G. Viennot, *Binomial determinants, paths, and hook length formulae,* Adv. in Math. **58** (1985), 300-321; *Determinants, paths, and plane partitions,* preprint (1989).
[2] J. R. Stembridge, *Nonintersecting paths, Pfaffians, and plane partitions,* Adv. in Math. **83** (1990), 96-131.

第3章

平面分割とシューア函数

　本章では平面分割の数え上げ問題から**シューア函数**が現れることを説明する．ここで登場するシューア函数は長方形のヤング図形に伴う特殊なものであるが，それを通じてシューア函数のさまざまな見方に触れることができる．一般論を追うことも大切だが，一般論をさまざまな3次元ヤング図形の例で確かめることもおもしろいので，ぜひ試してみてほしい．

　本書ではこれから数章にわたってシューア函数とつきあうことになるが，シューア函数について多少の予備知識（特に表現論や可積分系に関する知識）を得ておきたい読者には山田裕史の本[1]（2008年〜2009年『数学セミナー』連載記事の単行本化）をお薦めしたい．シューア函数とその各種の一般化についてはマクドナルドの本[2]が最強の解説書であるが，初心者が読みこなすことはほぼ不可能だろう．

1 平面分割の重み付き数え上げ

　第1章の箱入り平面分割の問題では，3次元空間（座標を x, y, z とする）の直方体 $B(r, s, t) = [0, r] \times [0, s] \times [0, t]$ に含まれる3次元ヤング図形（平面分割 π で表現する）の総数

$$N_{r,s,t} = |\{\pi \,|\, \pi \subseteq B(r, s, t)\}|$$

を求めることを非交差経路（デブライン経路）の数え上げ問題に翻訳し，LGV公式を適用して $N_{r,s,t}$ に対する行列式表示を得た．そこでは経路の重みをすべて1とする自明な重み付けを考えた．以下ではこの結果を自明でない重み付けに拡張する．

デブライン経路の平面図を思い出そう（図1）．デブライン経路 $P_1, \cdots, P_t$ は平面図では 2 本の平行線の上に等間隔で並んだ始点 $A_1, \cdots, A_t$ と終点 $B_1, \cdots, B_t$ を右上向きの移動 ↗ と右下向きの移動 ↘ の組合せで結ぶ（これらの背後には格子状の無閉路有向グラフがある）．各経路はいずれも r 回の ↗ と s 回の ↘ ，合計 $r+s$ 回の移動からなる．

図1 デブライン経路の平面図

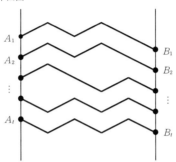

ここで新たに $r+s$ 個の変数 $x_1, \cdots, x_{r+s}$[1] を用意して，始点から見て k 回目の移動に対して

$$w\left(\nearrow\right) = x_k, \qquad w\left(\searrow\right) = 1 \tag{1}$$

という重みを与える（図2，次ページ）．これによって経路 P_i の重み $w(P_i)$ が $r+s$ 回の移動の重みの積として定まり，経路の組 $\boldsymbol{P} = (P_1, \cdots, P_t)$ の重み $w(\boldsymbol{P})$ はそれらの積 $w(P_1)\cdots w(P_t)$ で与えられる．

重み $w(\boldsymbol{P})$ を可能なデブライン経路すべてにわたって総和したものを $r+s$ 次元変数 $\boldsymbol{x} = (x_1, \cdots, x_{r+s})$ の函数とみなして $N_{r,s,t}(\boldsymbol{x})$ と表そう．前章の記号を用いれば，$\boldsymbol{A} = (A_1, \cdots, A_t)$ を始点集合，$\boldsymbol{B} = (B_1, \cdots, B_t)$ を終点集合として

$$N_{r,s,t}(\boldsymbol{x}) = G(\boldsymbol{A}, \boldsymbol{B}) = \sum_{\boldsymbol{P} \in \mathcal{P}_0(\boldsymbol{A}, \boldsymbol{B})} w(\boldsymbol{P}) \tag{2}$$

となる．

---

[1] 3 次元ヤング図形を置いた空間の座標 x, y, z とは関係がない．このあとすぐに，これらをまとめた多次元変数 $\boldsymbol{x}$（太字）を導入するが，初心者は 3 次元空間の座標 x（細字）と混同しないように注意されたい．

図2　経路の重み付け

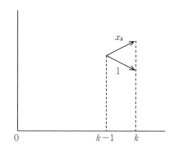

2　シューア函数との遭遇

LGV 公式を適用すれば，$N_{r,s,t}(\boldsymbol{x})$ は1本の経路に関する重みの総和

$$G_{ij} = \sum_{P \in \mathcal{P}(A_i, B_j)} w(P)$$

を用いて

$$N_{r,s,t}(\boldsymbol{x}) = \det(G_{ij})_{i,j=1}^{t}$$

と表せる．$P \in \mathcal{P}(A_i, B_j)$ は $r+i-j$ 回の ╱ と $s-i+j$ 回の ╲ からなる．╱ が現れる移動の番号を始点の方から順に $k_1, k_2, \cdots, k_{r+i-j}$ とすれば，$k_1, k_2, \cdots, k_{r+i-j}$ は

$$1 \leqq k_1 < k_2 < \cdots < k_{r+i-j} \leqq r+s \tag{3}$$

という範囲の整数であり，逆にこの条件を満たす任意の整数の組 $k_1, \cdots, k_{r+i-j}$ にはある経路 $P \in \mathcal{P}(A_i, B_j)$ が対応する．したがって G_{ij} は $x_{k_1} x_{k_2} \cdots x_{k_{r+i-j}}$ を(3)の条件下で総和したもの

$$G_{ij} = \sum_{(3)} x_{k_1} x_{k_2} \cdots x_{k_{r+i-j}}$$

になる．ただし $r+i-j=0$（すなわちすべての移動が下向き）の場合には $G_{ij}=1$ と解釈する．以下に説明するように，上の式の右辺は $\boldsymbol{x} = (x_1, \cdots, x_{r+s})$ の $r+i-j$ 次の「基本対称式」にほかならない．

一般に n 個の変数 $x_1, \cdots, x_n$ の m 次の**基本対称式** $e_m(x_1, \cdots, x_n)$ を

- $1 \leqq m \leqq n$ のとき

$$e_m(x_1, \cdots, x_n) = \sum_{1 \leqq k_1 < \cdots < k_m \leqq n} x_{k_1} \cdots x_{k_m} \tag{4}$$

- $m=0$ のとき $e_0(x_1, \cdots, x_n) = 1$

- それら以外のとき $e_m(x_1, \cdots, x_n) = 0$

と定義する．たとえば 3 変数の場合には

$$e_1(x_1, x_2, x_3) = x_1 + x_2 + x_3,$$
$$e_2(x_1, x_2, x_3) = x_1 x_2 + x_1 x_3 + x_2 x_3,$$
$$e_3(x_1, x_2, x_3) = x_1 x_2 x_3$$

となる．「対称」とは $x_1, \cdots, x_n$ を任意の置換 $\sigma \in S_n$ で置き換えても変わらない

$$e_m(x_{\sigma(1)}, \cdots, x_{\sigma(n)}) = e_m(x_1, \cdots, x_n)$$

という意味である．「基本」とは $x_1, \cdots, x_n$ の任意の対称多項式がこれらの多項式として表せることを意味するが，ここではその話には立ち入らない．

こうして G_{ij} が基本対称式であること

$$G_{ij} = e_{r+i-j}(\boldsymbol{x}) \tag{5}$$

がわかり，$N_{r,s,t}(\boldsymbol{x})$ はそれらの行列式として

$$N_{r,s,t}(\boldsymbol{x}) = \det(e_{r+i-j}(\boldsymbol{x}))_{i,j=1}^{t} \tag{6}$$

と表せる．たとえば $r = s = t = 2$ の場合には

$$N_{2,2,2}(\boldsymbol{x}) = \begin{vmatrix} e_2(\boldsymbol{x}) & e_1(\boldsymbol{x}) \\ e_3(\boldsymbol{x}) & e_2(\boldsymbol{x}) \end{vmatrix}$$
$$= e_2(\boldsymbol{x})^2 - e_3(\boldsymbol{x}) e_1(\boldsymbol{x})$$

となる（変数は x_1, x_2, x_3, x_4 の 4 個である）．

ちなみに，$\boldsymbol{x}$ の値を $x_1 = \cdots = x_{r+s} = 1$ に特殊化すれば，(5) の右辺は 2 項係数

$$e_{r+i-j}(1, \cdots, 1) = \binom{r+s}{r+i-j}$$

になるので，(6) は第 1 章で紹介した公式

$$N_{r,s,t} = \det\left(\binom{r+s}{r+i-j}\right)_{i,j=1}^{t}$$

に帰着する．この意味で $N_{r,s,t}(\boldsymbol{x})$ は単なる数としての $N_{r,s,t}$ を函数に拡張したものである．

このように考察対象を函数へ広げることが「マクマホンの公式」への重要な一歩となる．実際，以下で説明するように，(6) の右辺の行列

式は $(\underbrace{t, \cdots, t}_{r})$ という分割[2]（広く用いられている記法に従って，以後この分割を (t^r) という記号で表す）に対するシューア函数 $s_{(t^r)}(\boldsymbol{x})$ に等しく，シューア函数に関する知識を利用して $N_{r,s,t}$ を求めることが可能になるからである．この分割 (t^r) が表すのは $r \times t$ の長方形のヤング図形

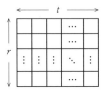

である．なお，本章ではヤング図形を平面の第4象限に描く流儀[3]に従う．この流儀では分割 $\lambda = (\lambda_1, \cdots, \lambda_n)$ に対して1行目に λ_1 個の正方形，2行目に λ_2 個の正方形，…というように行単位で正方形を並べたヤング図形を対応させる（「行」と「列」の意味は行列の場合と同じである）．

(6)の右辺がシューア函数であることはシューア函数に関する**ヤコビ–トゥルーディ**（Jacobi–Trudi）**公式**（2種類あるが，そのうちの1つ）からわかる．ヤコビ–トゥルーディ公式によれば，一般の分割 λ に対するシューア函数 $s_\lambda(\boldsymbol{x})$ は

$$s_\lambda(\boldsymbol{x}) = \det(e_{\mu_i - i + j}(\boldsymbol{x}))_{i,j=1}^n \tag{7}$$

と表せる[4]（これをシューア函数の暫定的定義と考えてもよい）．ここで $\mu_1, \cdots, \mu_n$ は λ の表すヤング図形の各列の正方形の個数を表す． $\lambda = (t^r)$ の場合には $n = t$, $\mu_1 = \cdots = \mu_t = r$ であるから

$$s_{(t^r)}(\boldsymbol{x}) = \det(e_{r - i + j}(\boldsymbol{x}))_{i,j=1}^t$$

となる．(6)の行列式の中の行列を転置行列に置き換えれば，i, j が入れ替わってちょうどこの形になるので，

$$N_{r,s,t}(\boldsymbol{x}) = s_{(t^r)}(\boldsymbol{x}) \tag{8}$$

という結論が得られる．

ちなみに，(7)で用いた整数の組 $\mu_1, \cdots, \mu_n$ は新たな分割 $\mu = (\mu_1, \cdots, \mu_n)$ を定めるが，それが表すヤング図形は λ の表すヤング図形

図3 ヤング図形の転置

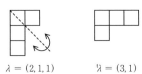

$\lambda = (2, 1, 1)$　　　　$\lambda = (3, 1)$

を 45 度の線で折り返したものである(図3). 線形代数の用語にならって この μ を λ の**転置**(あるいは**共役**)と呼び, λ' という記号で表す.

3 ヤング盤による解釈

$r \times t$ の長方形のヤング図形は3次元ヤング図形の幾何学的形状と直接の関係がある. あとで説明するが, この長方形は直方体 $B(r,s,t)$ の xz 平面($y=0$)に接する面を向こう側($y<0$)から眺めたものなのである(ただし, 首を90度右に傾ける必要がある).

$B(r,s,t)$ 内の3次元ヤング図形が与えられれば, ある規則に従ってこの長方形のヤング図形の rt 個の正方形に正整数を書き込んだ一種の「表」が得られる. この表 T は**ヤング盤**と呼ばれるものであり, デブライン経路の組 $\boldsymbol{P}$ と1対1に対応する. 以下では, この1対1対応に基づいて $N_{r,s,t}(\boldsymbol{x})$ をヤング盤の言葉に翻訳し, そこからシューア函数の組合せ論的定義(**ヤング盤表示**)が見えてくることを説明する.

デブライン経路の組 $\boldsymbol{P} = (P_1, \cdots, P_t)$ からヤング盤 T は以下のようにして決まる. $\boldsymbol{P}$ の各経路 P_j には ╱ が r 回, ╲ が s 回現れるが, ╱ が現れる箇所を始点から見て $t_{1j}, t_{2j}, \cdots, t_{rj}$ 回目の移動とすれば, t_{ij} は1から $r+s$ までの範囲の整数で, 定義より明らかに

$$t_{ij} < t_{i+1,j} \tag{9}$$

という不等式を満たす. さらに, それほど明らかではないが, P_j と P_{j+1} が交差しないことによって

$$t_{ij} \leqq t_{i,j+1} \tag{10}$$

という不等式も満たされている[5]. これらの正整数 t_{ij} をヤング図形の第 j 列に上から順に書き込んで得られるのが求めるヤング盤 T である. 今考えているヤング図形は長方形なので, $r \times t$ 行列

$$T = (t_{ij})_{1 \leqq i \leqq r, 1 \leqq j \leqq t}$$

---

2) ここでは分割を整数の有限列で表している. 第1章で触れたような無限列として扱うには, 後ろに0を無限個追加して $(t, \cdots, t, 0, 0, \cdots)$ とすればよい.

3) イギリス式の描き方であるらしい.

4) ここでは変数 $\boldsymbol{x} = (x_1, \cdots, x_N)$ の次元 N は任意でよい.

5) P_j と P_{j+1} に現れる ╱(同数個ある)を対応させてみれば, P_{j+1} の中の ╱ が P_j の中の対応する ╱ よりも先に現れることはない. (10)はこのことを表している.

を用いてヤング盤を表すこともできる.

　例として, 第1章でも登場した図4の3次元ヤング図形($r = s = t = 3$とみなす)の場合を考えてみよう. この図のデブライン経路 P_1, P_2, P_3 に沿って 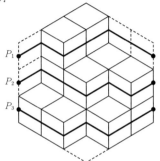 が現れるのは, P_1 では1, 3, 4回目, P_2 では1, 4, 6回目, P_3 では3, 5, 6回目の移動なので, ヤング盤 T (の行列表示)は

$$T = \begin{pmatrix} 1 & 1 & 3 \\ 3 & 4 & 5 \\ 4 & 6 & 6 \end{pmatrix} \tag{11}$$

となる. たしかに(9)だけでなく(10)も成立している.

図4 デブライン経路の例

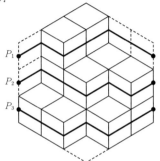

　さらに, 図4を見ればわかるように, 3次元ヤング図形の第1象限側の表面の各正方形(第1象限の境界面に延長した部分も含めて考える)のうちでデブライン経路の ↗ の部分が乗っているのはいずれも xz 平面に平行な面である(図5). それらの正方形を xz 平面に射影すれば長方形領域 $0 \le x \le r$, $0 \le z \le t$ をちょうど埋め尽くすが, これこそ今まで考えていたヤング図形(を90度回転したもの)である. デブライン経路を始点からたどれば, xz 平面に射影された点はこのヤング図形の列を上から順にたどる. このとき ↗ が通る面の「位置情報」として前述の t_{ij} をヤング図形に書き込んで行けば, ヤング盤 T ができあがるのである.

　一般の3次元ヤング図形でも同様であること, 逆に(9)と(10)の2条件を満たす任意のヤング盤に対して3次元ヤング図形がただ一つ決まること, などの確認は読者の練習問題として残しておこう.

　長方形の場合に限らず, 一般のヤング図形の場合にもヤング盤が考

図5　／ が通る面（陰影部分）

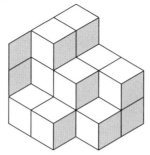

えられる．(9)と(10)の2条件を満たすヤング盤を**半標準盤**という．単に「ヤング盤」というときには半標準盤を意味することが多い．ちなみに，類似の概念として**標準盤**というものもあるが，それについては山田の本[1]を参照されたい．

　$N_{r,s,t}(\boldsymbol{x})$ の定義(2)に戻れば，デブライン経路の組 $\boldsymbol{P}$ の重みは半標準盤 $T = (t_{ij})$ によって

$$w(\boldsymbol{P}) = \prod_{i=1}^{r} \prod_{j=1}^{t} x_{t_{ij}} \qquad (\text{これを } \boldsymbol{x}^T \text{ と表す})$$

と表される単項式になる．たとえば(11)の場合には

$$\boldsymbol{x}^T = x_1{}^2 x_3{}^2 x_4{}^2 x_5 x_6{}^2$$

である．こうして $N_{r,s,t}(\boldsymbol{x})$ は半標準盤全体の集合 $\mathcal{T}$ にわたるこれらの単項式の総和として

$$N_{r,s,t}(\boldsymbol{x}) = \sum_{T \in \mathcal{T}} \boldsymbol{x}^T \tag{12}$$

と表せる．

　(12)の右辺はシューア函数 $s_{(t^r)}(\boldsymbol{x})$ のヤング盤表示そのものである．その意味では $N_{r,s,t}(\boldsymbol{x})$ がシューア函数であることはヤコビ-トゥルーディ公式を経由しなくてもわかるのである．一般の分割 λ に対する $\boldsymbol{x} = (x_1, \cdots, x_N)$ のシューア函数 $s_\lambda(\boldsymbol{x})$ の組合せ論的定義（ヤング盤表示）は

$$s_\lambda(\boldsymbol{x}) = \sum_{T \in \mathcal{T}(\lambda, \{1, \cdots, N\})} \boldsymbol{x}^T$$

となる．ここで $\mathcal{T}(\lambda, \{1, \cdots, N\})$[6] は λ の表すヤング図形の上に1以上 N 以下の整数を並べた半標準盤全体の集合であり，$\boldsymbol{x}^T$ は半標準盤

---

6)　ここだけの仮の記号である．

T に並んだ整数 t_{ij} $((i,j)\in\lambda)$ [7] に対応する変数 $x_{t_{ij}}$ を掛け合わせた単項式

$$\boldsymbol{x}^T = \prod_{(i,j)\in\lambda} x_{t_{ij}}$$

である.

4 ヤング盤のもう1つの見方

前節でははじめに図4のようなデブライン経路に基づいてヤング盤 T を導入したが,そのあとの説明からわかるように,ヤング盤 T 自体は図5の陰影部分の空間的配置を表現しているだけである.T の各列はこれらの面のうちで平面

$$z = t+\frac{1}{2}-j \qquad (j=1,\cdots,t)$$

と交差するものに対応していて,それらの面の間をつなぐ経路としてデブライン経路 $P_j\,(j=1,\cdots,t)$ がある.

このように考えれば,T の各行には図6のようなデブライン経路 $Q_i\,(i=1,\cdots,r)$ が対応することになる.Q_i は $C_i = \left(r+\frac{1}{2}-i,0,t\right)$ を始点,$D_i = \left(r+\frac{1}{2}-i,s,0\right)$ を終点として,3次元ヤング図形の第1象限側の表面を平面 $x=r+\frac{1}{2}-i$ に沿って進む経路である.以下ではこれがシューア函数 $s_{(t^r)}(\boldsymbol{x})$ に対する第3の見方につながることを説明する.

図6を図1のような平面図として考え直せば,これらの経路は $\downarrow$ と $\searrow$ の2種類の移動($\downarrow$ は t 個,$\searrow$ は s 個)からなる.したがってこれら

図6 もう一組のデブライン経路

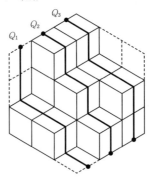

028

もある無閉路有向グラフ（図4の場合の有向グラフとは異なる）の上の非交差経路とみなせる.

この設定においてLGV公式を適用するために, 各移動に対して

$$w\left(\downarrow\right) = x_{t_{ij}}, \qquad w\left(\searrow\right) = 1$$

という重みを与える. ここで (i,j) は $\downarrow$ に対応するヤング盤の正方形の位置である. 要するに, 図6を図4と重ねるとき, $w\left(\downarrow\right)$ は $\downarrow$ と交差する $\nearrow$ の重みと同じものである. これによって決まる経路の組 $\boldsymbol{Q} = (Q_1, \cdots, Q_r)$ の重みも図4の経路の組 $\boldsymbol{P}$ の重みと等しく,

$$w(\boldsymbol{Q}) = \prod_{i=1}^{r} \prod_{j=1}^{t} x_{t_{ij}}$$

となる.

$N_{r,s,t}(\boldsymbol{x})$ はこのような非交差経路の組 $\boldsymbol{Q}$ の重みの総和として表されるので, LGV公式によって

$$N_{r,s,t}(\boldsymbol{x}) = \det(H_{ij})_{i,j=1}^{r}$$

と表せる. ここで H_{ij} は C_i と D_j を結ぶ経路 Q の重みの総和

$$H_{ij} = \sum_{Q \in \mathscr{P}(C_i, D_j)} w(Q)$$

である. Q は $t+i-j$ 回の $\downarrow$ と $s-i+j$ 回の $\searrow$ からなる. 平面図における $\downarrow$ の横座標に $\frac{1}{2}$ を加えたもの（すなわち図2の整数 k）を始点の方から順に $k_1, k_2, \cdots, k_{t+i-j}$ とすれば, $k_1, \cdots, k_{t+i-j}$ は

$$1 \leq k_1 \leq k_2 \leq \cdots \leq k_{t+i-j} \leq r+s \tag{13}$$

という条件を満たす整数であり, 逆にこの条件を満たす任意の整数の組にはある経路 Q が対応する. (3)の場合と違って等号が成立してもよいことに注意されたい. こうして H_{ij} は

$$H_{ij} = \sum_{(13)} x_{k_1} x_{k_2} \cdots x_{k_{t+i-j}}$$

と表せるが, この式の右辺は $\boldsymbol{x} = (x_1, \cdots, x_{r+s})$ の $t+i-j$ 次の「完全対称式」と呼ばれるものである.

一般に, n 個の変数 $x_1, \cdots, x_n$ の m 次の**完全対称式** $h_m(x_1, \cdots, x_n)$ は基本対称式 $e_m(x_1, \cdots, x_n)$ の定義(4)において $k_1 < \cdots < k_m$ を $k_1 \leq \cdots \leq k_m$ に置き換えて定義されるもので, 基本対称式と違ってすべての非負整数 m に対して0と異なる.

---

7) $(i,j) \in \lambda$ は i 行 j 列の位置にヤング図形の正方形があることを表している. この記法は文献でもよく見かける.

こうして H_{ij} が完全対称式であること

$$H_{ij} = h_{t+i-j}(\boldsymbol{x})$$

がわかり，$N_{r,s,t}(\boldsymbol{x})$ に対して(6)と類似の表示

$$N_{r,s,t}(\boldsymbol{x}) = \det(h_{t+i-j}(\boldsymbol{x}))_{i,j=1}^r \qquad (14)$$

が得られる．これはシューア函数 $s_{(t^r)}(\boldsymbol{x})$ に対する行列式表示と見な
せるが，じつはこれがもう1つのヤコビ-トゥルーディ公式である．
一般の分割 $\lambda = (\lambda_1, \cdots, \lambda_n)$ に対する公式は

$$s_\lambda(\boldsymbol{x}) = \det(h_{\lambda_i-i+j}(\boldsymbol{x}))_{i,j=1}^n$$

となる．

本章では箱入り平面分割の個数 $N_{r,s,t}$ を函数 $N_{r,s,t}(\boldsymbol{x})$ に拡張し，そ
れが $r \times t$ の長方形のヤング図形に対するシューア函数 $s_{(t^r)}(\boldsymbol{x})$ に一
致することを説明した．その過程でシューア函数の3通りの見方(ヤ
ング盤表示と2種類のヤコビ-トゥルーディ公式)を具現する3通りの表示
(6), (12), (14)に出会ったのである．

参考文献

[1] 山田裕史『組合せ論プロムナード』(日本評論社, 2009).

[2] I. G. Macdonald, *"Symmetric Functions and Hall Polynomials"* 2nd ed. (Oxford
University Press, 1999).

ヤコビ-トゥルーディ公式

前章では箱入り平面分割の重み付き数え上げから長方形のヤング図形に対するシューア函数が現れることを説明した．これによって，特殊な場合にではあるが，シューア函数の基本的な公式(ヤング盤表示やヤコビ-トゥルーディ公式)を非交差経路の言葉で説明することができた．本章ではいったん平面分割の話から離れ，ステンブリッジ[1]やジンジュスタン[2]に従って，一般のヤング図形に対するシューア函数を非交差経路を用いて説明する．ここで用いる非交差経路の設定は箱入り平面分割の場合とは異なるものだが，デブライン経路に似ている面もある．実際，長方形のヤング図形の場合には，よく見ればデブライン経路がその一部として入っていることがわかる．

1 シューア函数のヤング盤表示

ここでは分割 $\lambda = (\lambda_1, \cdots, \lambda_n)\,(\lambda_1 \geqq \cdots \geqq \lambda_n \geqq 0)$ に対する N 次元変数 $\boldsymbol{x} = (x_1, \cdots, x_N)$ のシューア函数 $s_\lambda(\boldsymbol{x})$ をヤング盤表示

$$s_\lambda(\boldsymbol{x}) = \sum_{T \in \mathcal{T}(\lambda, \{1, \cdots, N\})} \boldsymbol{x}^T \tag{1}$$

によって定義する．ここで $\mathcal{T}(\lambda, \{1, \cdots, N\})$ は λ の定めるヤング図形の上に 1 から N までの整数を書き込んだ半標準盤全体の集合であり，$\boldsymbol{x}^T$ はそのような半標準盤 $T = (t_{ij})_{(i,j) \in \lambda}$ に対して

$$\boldsymbol{x}^T = \prod_{(i,j) \in \lambda} x_{t_{ij}}$$

と定義される単項式である．念のために復習しておくが，一般にヤン

グ盤 $T = (t_{ij})_{(i,j)\in\lambda}$ は単調増加条件

（ⅰ） 左右に隣接する任意の正方形対 (i,j), $(i,j+1)\in\lambda$ に対して単調増加$(t_{ij}\leq t_{i,j+1})$であること

（ⅱ） 上下に隣接する任意の正方形対 (i,j), $(i+1,j)\in\lambda$ に対して狭義単調増加$(t_{ij} < t_{i+1,j})$であること

を満たすとき「半標準盤」と呼ばれるのだった.

たとえば，$\lambda = (2,1)$, $N=2$ の場合には2個のヤング盤(括弧でくくって行列のように表すことにする)

$$\begin{pmatrix} 1 & 1 \\ 2 & \end{pmatrix}, \quad \begin{pmatrix} 1 & 2 \\ 2 & \end{pmatrix}$$

が存在するので，シューア函数は

$$s_{(2,1)}(x_1, x_2) = x_1^2 x_2 + x_1 x_2^2$$

となる.

この例は非常に簡単なのでシューア函数を定義通りに求めることができたが，λ や N が大きくなればヤング盤表示の項数は急激に増えて手に負えなくなる. また，そもそもヤング盤表示からはシューア函数が対称多項式であることも明らかではない.

例外的に，1行だけからなるヤング図形 (m) と1列だけからなるヤング図形 $(1^m) = (1,\cdots,1)$(1が m 個並ぶ)の場合には，シューア函数はヤング盤表示から具体的に求められる. 実際，(m) 型の半標準盤 $T = (k_j)_{j=1}^m$ には

$$1 \leq k_1 \leq \cdots \leq k_m \leq N$$

という不等式を満たす整数の組が書き込まれるので，シューア函数は

$$s_{(m)}(\boldsymbol{x}) = \sum_{1\leq k_1\leq\cdots\leq k_m\leq N} x_{k_1}\cdots x_{k_m} = h_m(\boldsymbol{x})$$

という完全対称式になる. また，(1^m) 型の半標準盤 $T = (k_i)_{i=1}^m$ には

$$1 \leq k_1 < \cdots < k_m \leq N$$

という不等式を満たす整数の組が書き込まれるので，シューア函数は

$$s_{(1^m)}(\boldsymbol{x}) = \sum_{1\leq k_1<\cdots<k_m\leq N} x_{k_1}\cdots x_{k_m} = e_m(\boldsymbol{x})$$

という基本対称式になる.

なお，λ や N によっては半標準盤が存在せず，シューア函数が恒等的に0になることも起こり得る. 今は分割を $\lambda = (\lambda_1,\cdots,\lambda_n)$ と表す際

に λ_i が途中から 0 になることも許しているので，0 と異なる λ_i の個数
を λ の**長さ**と呼び，$l(\lambda)$ という記号で表す．この記号を用いれば，
$N < l(\lambda)$ のときには下向きの単調増加条件(ii)が満たされないので，

$$N < l(\lambda) \Longrightarrow s_\lambda(\boldsymbol{x}) = 0$$

となる．

2 非交差経路和としての解釈

ステンブリッジ[1]に従って，与えられた分割 $\lambda = (\lambda_1, \cdots, \lambda_n)$ に対し
て平面(座標を x, y とする)の上に始点の組 $\boldsymbol{C} = (C_1, \cdots, C_n)$ と終点の組
$\boldsymbol{D} = (D_1, \cdots, D_n)$ を

$$C_i = \left(n-i, \frac{1}{2}\right), \qquad D_i = \left(n-i+\lambda_i, N-\frac{1}{2}\right)$$

と選び(今回紹介するもう1つの非交差経路和との関係を見やすくするため，こ
こでは y 座標が半整数 $\frac{1}{2}, N-\frac{1}{2}$ の直線の上に始点と終点を置く)，C_i と D_i を2
種類の基本的移動

$$\uparrow = (0, 1), \qquad \longrightarrow = (1, 0)$$

の組合せで結ぶ経路 Q_i の組 $\boldsymbol{Q} = (Q_1, \cdots, Q_n)$ を考える(図1)．この設
定の背後に $\uparrow$ と $\longrightarrow$ を有向辺とする正方格子の無閉路有向グラフがあ
ることは言うまでもない．説明の便宜上，$\boldsymbol{C}$ が乗っている直線 $y = \frac{1}{2}$
を「1段目」とみなして，$y = \frac{3}{2}, \ y = \frac{5}{2}, \ \cdots$ を2段目，3段目，$\cdots$ と
呼ぶことにする．k 段目に始点がある $\uparrow$ と $\longrightarrow$ の重みを

$$w\left(\uparrow\right) = 1, \qquad w(\longrightarrow) = x_k$$

と定める．この設定のもとで非交差経路和

図1 $\longrightarrow$ と $\uparrow$ からなる経路

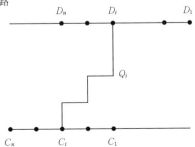

　　　第4章　ヤコビ・トゥルーディ公式

$$G(\boldsymbol{C}, \boldsymbol{D}) = \sum_{\boldsymbol{Q} \in \mathcal{P}_0(\boldsymbol{C}, \boldsymbol{D})} w(\boldsymbol{Q})$$

がシューア函数 $s_\lambda(\boldsymbol{x})$ になることを説明しよう.

非交差経路の組 $\boldsymbol{Q} = (Q_1, \cdots, Q_n) \in \mathcal{P}_0(\boldsymbol{C}, \boldsymbol{D})$ に対して,半標準盤 $T \in \mathcal{T}(\lambda, \{1, \cdots, N\})$ を以下のように定める.Q_i は $N-1$ 個の $\uparrow$ と λ_i 個の $\longrightarrow$ からなる.$\longrightarrow$ が始点から見た順に t_{i1} 段目,t_{i2} 段目,$\cdots$に現れるとする.これらの整数 $t_{i1}, \cdots, t_{i\lambda_i}$ をヤング図形の第 i 行に書き込んで得られるヤング盤 $T = (t_{ij})_{(i,j) \in \lambda}$ が求める半標準盤である(半標準盤の条件(i)が満たされることは定義から明らかだが,条件(ii)も経路の非交差性から従う).

逆に,このような半標準盤 T が与えられれば,各行に対して1つずつ経路 $Q_1, \cdots, Q_n$ が決まり,非交差経路の組 $\boldsymbol{Q} = (Q_1, \cdots, Q_n)$ が得られる.Q_i を求めるには,まず $N-1$ 個の $\uparrow$ を並べてから,$j = 1, \cdots, \lambda_i$ にわたって $\longrightarrow$ を左から t_{ij} 番目の $\uparrow$ の左($t_{ij} = N$ のときには右端の $\uparrow$ の右)に挿入すればよい.たとえば,前章の平面分割の話で取り上げた $\lambda = (3, 3, 3)$,$N = 6$ の半標準盤の例

$$T = \begin{pmatrix} 1 & 1 & 3 \\ 3 & 4 & 5 \\ 4 & 6 & 6 \end{pmatrix} \tag{2}$$

では,対応する経路 Q_1, Q_2, Q_3 は $\uparrow$, $\longrightarrow$ を次のように並べたものになる:

$$Q_1 = \left(\longrightarrow, \longrightarrow, \uparrow, \uparrow, \longrightarrow, \uparrow, \uparrow, \uparrow \right),$$

$$Q_2 = \left(\uparrow, \uparrow, \longrightarrow, \uparrow, \longrightarrow, \uparrow, \longrightarrow, \uparrow \right),$$

$$Q_3 = \left(\uparrow, \uparrow, \uparrow, \longrightarrow, \uparrow, \uparrow, \longrightarrow, \longrightarrow \right)$$

これらを図示すれば図2のようになる.また,長方形ではない $\lambda = (4, 3, 2)$,$N = 6$ の半標準盤の例として

$$T = \begin{pmatrix} 1 & 1 & 3 & 4 \\ 3 & 4 & 5 & \\ 4 & 6 & & \end{pmatrix} \tag{3}$$

を考えれば,対応する経路 Q_1, Q_2, Q_3 は

$$Q_1 = \left(\longrightarrow, \longrightarrow, \uparrow, \uparrow, \longrightarrow, \uparrow, \longrightarrow, \uparrow, \uparrow \right),$$

$$Q_2 = \left(\uparrow, \uparrow, \longrightarrow, \uparrow, \longrightarrow, \uparrow, \longrightarrow, \uparrow \right),$$

図 2 (2)に対する非交差経路の組 **Q**

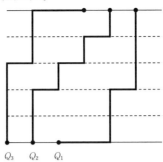

$Q_3 \quad Q_2 \quad Q_1$

図 3 (3)に対する非交差経路の組 **Q**

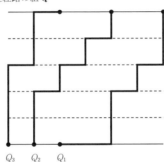

$Q_3 \quad Q_2 \quad Q_1$

$$Q_3 = \left(\uparrow, \uparrow, \uparrow, \rightarrow, \uparrow, \uparrow, \rightarrow \right)$$

となる．これらを図示すれば図3のようになる．

　以上のようにして非交差経路 **Q** と半標準盤 T の間に1対1の対応が定まる．さらに，例を見ればすぐにわかるように，この対応のもとで

$$w(\boldsymbol{Q}) = \boldsymbol{x}^T$$

という等式が成立する．こうしてシューア函数 $s_\lambda(\boldsymbol{x})$ のヤング盤表示
(1)は非交差経路和として

$$s_\lambda(\boldsymbol{x}) = \sum_{\boldsymbol{Q} \in \mathcal{P}_0(\boldsymbol{C}, \boldsymbol{D})} w(\boldsymbol{Q}) \tag{4}$$

と書き直せる．

ヤコビ-トゥルーディ公式

非交差経路和(4)にLGV公式を適用すれば，シューア函数$s_\lambda(\boldsymbol{x})$の行列式表示

$$s_\lambda(\boldsymbol{x}) = \det(H_{ij})_{i,j=1}^n$$

が得られる．ここでH_{ij}は

$$H_{ij} = \sum_{Q \in \mathcal{P}(C_i, D_j)} w(Q)$$

という経路和で与えられる．各経路$Q \in \mathcal{P}(C_i, D_j)$は$N-1$個の↑と$\lambda_j - j + i$個の⟶からなる．⟶が始点から見た順に$k_1$段目，$k_2$段目，…に現れるとすれば，$k_1, \cdots, k_{\lambda_j-j+i}$は

$$1 \leqq k_1 \leqq \cdots \leqq k_{\lambda_j-j+i} \leqq N$$

という不等式を満たす整数の組であり，$w(Q)$はそれらを用いて

$$w(Q) = x_{k_1} \cdots x_{k_{\lambda_j-j+i}}$$

と表せる．H_{ij}はこの単項式の総和であるから，

$$H_{ij} = h_{\lambda_j-j+i}(\boldsymbol{x})$$

という完全対称式になる．こうして一般の分割の場合のヤコビ-トゥルーディ公式

$$s_\lambda(\boldsymbol{x}) = \det(h_{\lambda_j-j+i}(\boldsymbol{x}))_{i,j=1}^n \tag{5}$$

が得られる．シューア函数が対称多項式であることも同時にわかる．

ちなみに，分割λを表す整数列$(\lambda_1, \cdots, \lambda_n)$に0を付け加えて$(\lambda_1, \cdots, \lambda_n, 0, \cdots, 0)$と水増ししても(5)の右辺の行列式の値は変わらない．すなわち，付け加えた0の個数を$n'-n$とすれば，

$$\det(h_{\lambda_j-j+i}(\boldsymbol{x}))_{i,j=1}^{n'} = \det(h_{\lambda_j-j+i}(\boldsymbol{x}))_{i,j=1}^n$$

という等式が成立する．実際，左辺の行列式は

$$\begin{vmatrix} h_{\lambda_1} & \cdots & h_{\lambda_n-n+1} & 0 & \cdots & 0 \\ \vdots & \ddots & \vdots & \vdots & & \vdots \\ h_{\lambda_1-1+n} & \cdots & h_{\lambda_n} & 0 & & \vdots \\ * & \cdots & * & 1 & \ddots & \\ \vdots & & \vdots & \vdots & \ddots & 0 \\ * & \cdots & * & * & \cdots & 1 \end{vmatrix}$$

という形をしているので，行列式のよく知られた性質によって，その値は左上の$n \times n$ブロックの行列式の値に等しいが，この小行列式は右辺の行列式にほかならない．

このことを非交差経路の言葉に言い換えれば，n個の経路$Q_1, \cdots, Q_n$

を右に $n'-n$ だけ平行移動してからその左に $\uparrow$ ばかりからなる経路

$$Q_i = \left(\uparrow, \cdots, \uparrow \right) \qquad (i = n+1, \cdots, n')$$

を付け加えることが λ の水増しに相当する.このように自明な経路を付け加えても経路の組の重みは同じであり,経路の組の集合も1対1に対応するので,非交差経路和の値も変わらないのである.

(5)の行列式のもつこの性質は応用上も役に立つ.たとえば,行列式の次数を最小にするには λ の表示 $\lambda = (\lambda_1, \cdots, \lambda_n)$ を最短,つまり $n = l(\lambda)$ に選べばよい.他方,長さの異なる分割に対するシューア函数を同時に扱う際には,上の水増し操作によって行列式を共通の次数に揃えておくこともできる.

4 もう1つのヤコビ-トゥルーディ公式

以上のように,ヤング盤の各行に経路を対応させれば完全対称式によるヤコビ-トゥルーディ公式(5)が得られるわけだが,ヤング盤の各列に経路を対応させて,基本対称式によるヤコビ-トゥルーディ公式を導くこともできる.以下ではジンジュスタン[2]に従って後者を定式化し,両者の関係を説明する.

基本対称式によるヤコビ-トゥルーディ公式には分割 $\lambda = (\lambda_1, \cdots, \lambda_n)$ の転置 $\mu = {}^t\lambda$ の成分 μ_j が現れる. μ を $\mu = (\mu_1, \cdots, \mu_m)$ と表すとき

$$\mu_1 \leqq n, \qquad \lambda_1 \leqq m$$

という不等式が成立することに注意しよう.この不等式で等号が成立するように λ, μ の表示を選ぶこともできるが,以下では一般的な設定(実質的な内容はまったく変わらない)で話を進める.

前半の話で $\boldsymbol{C}, \boldsymbol{D}$ を選んだ直線 $y = \frac{1}{2}$, $y = N - \frac{1}{2}$ から上下に $\frac{1}{2}$ だけ離れた直線 $y = 0$, $y = N$ を考える.その上に始点の組 $\boldsymbol{A} = (A_1, \cdots, A_m)$ と終点の組 $\boldsymbol{B} = (B_1, \cdots, B_m)$ を

$$A_j = (n-1+j, 0), \qquad B_j = (n-1+j-\mu_j, N)$$

と選び, A_j と B_j を2種類の基本的移動

$$\nwarrow = (-1, 1), \qquad \uparrow = (0, 1)$$

の組合せで結ぶ経路 P_j の組 $\boldsymbol{P} = (P_1, \cdots, P_m)$ を考える(図4,次ページ).この設定の背後にある無閉路有向グラフは $\nwarrow$ と $\uparrow$ を有向辺とする斜交格子である.

図4 ↖と↑からなる経路

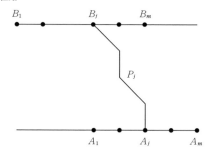

　この設定における非交差経路の組 $\boldsymbol{P} \in \mathcal{P}_0(\boldsymbol{A}, \boldsymbol{B})$ [1] も以下のようにして半標準盤 $T \in \mathcal{T}(\lambda, \{1, \cdots, N\})$ と 1 対 1 に対応する.

　非交差経路の組 $\boldsymbol{P} = (P_1, \cdots, P_m)$ が与えられれば，各経路 $P_j \in \mathcal{P}(A_i, B_j)$ は μ_j 個の ↖ と $N - \mu_j$ 個の↑からなる. ↖ が始点から見た順に t_{1j} 回目，t_{2j} 回目，…の移動として現れるとする. 言い換えれば，$t_{1j}, \cdots, t_{\mu_j j}$ は ↖ の終点の y 座標である. これらの整数 t_{ij} をヤング図形の各正方形に書き込めば，半標準盤の単調増加条件の(ii)は明らかに満たされるが，もう 1 つの条件(i)も経路の非交差性から従う. こうして半標準盤 $T = (t_{ij})_{(i,j) \in \lambda}$ が定まる.

　逆に，半標準盤 T が与えられれば，非交差経路の組 $\boldsymbol{P}$ をなす経路 $P_1, \cdots, P_m$ を T の各列から読み取ることができる. P_j を μ_j 個の ↖ と $N - \mu_j$ 個の↑を並べたものとして表せば，その t_{ij} 番目 $(i = 1, \cdots, \mu_j)$ に ↖ が現れる. たとえば，(2)の半標準盤 $(\mu = (3,3,3))$ の場合には，対応する非交差経路の組は

$$P_1 = \left(\nwarrow, \uparrow, \nwarrow, \nwarrow, \uparrow, \uparrow \right),$$
$$P_2 = \left(\nwarrow, \uparrow, \uparrow, \nwarrow, \uparrow, \nwarrow \right),$$
$$P_3 = \left(\uparrow, \uparrow, \nwarrow, \uparrow, \nwarrow, \nwarrow \right)$$

からなる. これらを図示すれば図 5 のようになる. また，(3)の $\mu = (3,3,3,1)$ の半標準盤の場合には，対応する非交差経路の組は

$$P_1 = \left(\nwarrow, \uparrow, \nwarrow, \nwarrow, \uparrow, \uparrow \right),$$
$$P_2 = \left(\nwarrow, \uparrow, \uparrow, \nwarrow, \uparrow, \nwarrow \right),$$
$$P_3 = \left(\uparrow, \uparrow, \nwarrow, \uparrow, \nwarrow, \uparrow \right),$$

図5 (2)に対する非交差経路の組 P

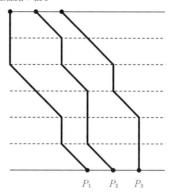

図6 (3)に対する非交差経路の組 P

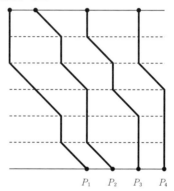

$$P_4 = \left(\uparrow, \uparrow, \uparrow, \nwarrow, \uparrow, \uparrow \right)$$

からなる．これらを図示すれば図6のようになる．

　こうして非交差経路の組 P と半標準盤 T は1対1に対応するが，本章前半で用いた非交差経路の組 Q も半標準盤 T と対応するので，結果として P と Q の間に1対1対応があることになる．P と Q を重ねて描いてみれば(図7参照，次ページ)この対応の意味がわかる．すなわち，P と Q は $\nwarrow$ と $\longrightarrow$ で交差し，それ以外では交差せず，ちょう

---

1) 前の場合とは有向グラフが異なるので，本来ならば非交差経路の集合に対してもそのことを明示する記法を用いるべきだが，煩雑になるので同じ記法 $\mathcal{P}_0(\boldsymbol{A}, \boldsymbol{B})$ を用いることにする．

ど前章で紹介した平面分割の2種類のデブライン経路と同じ関係にある．これは偶然ではなく，長方形のヤング図形に対する $\boldsymbol{P},\boldsymbol{Q}$ はデブライン経路を少し延長したものにほかならないのである．図7はそのことを示す例になっている．

図7 (2)に対する非交差経路の組 $\boldsymbol{P},\boldsymbol{Q}$ を重ねて描く．
点線で囲んだ部分にデブライン経路が見える．

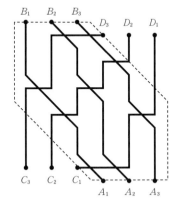

以上のことに注意すれば，$\diagdown$ と $\uparrow$ の重みを

$$w\left(\diagdown\right) = x_k, \qquad w\left(\uparrow\right) = 1$$

（ここで k は $\diagdown$，$\uparrow$ の終点の y 座標である）と定めることによって，$\boldsymbol{P}$ は対応する $\boldsymbol{Q}$ と同じ重みをもつ

$$w(\boldsymbol{P}) = w(\boldsymbol{Q}) = \boldsymbol{x}^T$$

ということがわかる．これからシューア函数 $s_\lambda(\boldsymbol{x})$ に対してもう1つの非交差経路和表示

$$s_\lambda(\boldsymbol{x}) = \sum_{P \in \mathcal{P}_0(\boldsymbol{A},\boldsymbol{B})} w(\boldsymbol{P}) \tag{6}$$

が得られる．

この非交差経路和に対してLGV公式を適用すれば，$s_\lambda(\boldsymbol{x})$ は A_i と B_j を結ぶ経路についての重みの総和

$$G_{ij} = \sum_{P \in \mathcal{P}(A_i, B_j)} w(P)$$

の行列式として

$$s_\lambda(\boldsymbol{x}) = \det(G_{ij})_{i,j=1}^m$$

と表せる．$P \in \mathcal{P}(A_i, B_j)$ には $\mu_j - j + i$ 個の $\diagdown$ が含まれる．$\diagdown$ が始

点から見た順に k_1 回目，k_2 回目，…の移動として現れるとすれば，$k_1, \cdots, k_{\mu_j-j+i}$ は

$$1 \leqq k_1 < \cdots < k_{\mu_j-j+i} \leqq N$$

という不等式を満たす整数の組であり，$w(P)$ はそれらを用いて

$$w(P) = x_{k_1} \cdots x_{k_{\mu_j-j+i}}$$

と表せる．G_{ij} はこの単項式の総和として

$$G_{ij} = e_{\mu_j-j+i}(\boldsymbol{x})$$

という基本対称式になる．こうして基本対称式によるヤコビ-トゥルーディ公式

$$s_\lambda(\boldsymbol{x}) = \det(e_{\mu_j-j+i}(\boldsymbol{x}))_{i,j=1}^m \tag{7}$$

が得られる．

この公式の右辺の行列式も，μ の表示の 0 による水増しに関して，(5)の右辺の行列式と同様の性質をもつ．すなわち，μ の表示 $(\mu_1, \cdots, \mu_m)$ の右側に $(\mu_1, \cdots, \mu_m, 0, \cdots, 0)$ というように $m'-m$ 個の 0 を追加すれば，(7)の右辺は m' 次行列式になるが，その値はもとの m 次行列式の値と同じである．非交差経路の言葉では，この水増し操作は $\boldsymbol{P}$ の右側に $\uparrow$ だけからなる経路を $m'-m$ 個追加することに相当する．それによって経路の組の重みは同じなので，非交差経路和は変わらない．

本章では一般のヤング図形に対するシューア函数を非交差経路和として解釈し，LGV 公式によってヤコビ-トゥルーディ公式を導出した．実際には，シューア函数のヤング盤表示(1)において半標準盤の行に注目するか，あるいは列に注目するか，に応じて異なる非交差経路和表示(4)，(6)がある．それに対応して 2 種類のヤコビ-トゥルーディ公式(5)，(7)が得られるのである．

参考文献

[1] J. R. Stembridge, *Nonintersecting paths, Pfaffians, and plane partitions*, Adv. in Math. **83** (1990), 96-131.

[2] P. Zinn-Justin, *Six-vertex, loop and tiling models: Integrability and combinatorics*, 学位論文．http://arxiv.org/abs/0901.0665

第 5 章

非交差経路とフェルミオン

　　前章では平面分割の話からやや横道にそれて，一般のシューア函数のヤング盤表示や行列式表示を非交差経路の観点から説明した．この横道をもう少し散策することにしよう．本章の話の目的は，ジンジュスタン(P. Zinn-Justin)の論文[1]のアイディアに従って，非交差経路の背後に隠れた「粒子的描像」を明らかにすることである．このために**マヤ図形**の概念を用いる．マヤ図形はもともと**マヤゲーム**という一種のゲーム[1)]に由来するもので，対称群の表現論とも密接な関係があるようだが(山田裕史の本[2]を参照されたい)，ここではもっぱらヤング図形の別表現として用いる．物理的には，マヤ図形は場の量子論で**フェルミオン**[2)]と呼ばれる種類の粒子の集団を模式的に表現している．前章で用いた非交差経路はそのような粒子系の状態変化の過程を表すものと解釈される．それをヤング図形に翻訳すれば，ヤング図形の成長過程になる．この成長過程をコード化したものが半標準盤なのである．シューア函数とフェルミオンの関係はよく知られた事実だが(たとえば山田泰彦の本[3]を参照されたい)，非交差経路を用いるジンジュスタンの説明は斬新で示唆に富んでいる．

1 　ヤング図形とマヤ図形の対応

　　まず長さ n の整数列で表される分割 $\lambda = (\lambda_1, \cdots, \lambda_n)$ $(\lambda_1 \geqq \cdots \geqq \lambda_n \geqq 0)$ とマヤ図形との対応を考える．λ から決まる整数の組

$$l_i = \lambda_i - i + n \quad (i = 1, \cdots, n)$$

は不等式

$$l_1 > \cdots > l_n \geqq 0$$

を満たす．逆にこのような整数の組 $l_1, \cdots, l_n$ は

$$\lambda_i = l_i + i - n \qquad (i = 1, \cdots, n)$$

を成分とする分割を定める．そこで，自然数の集合 $\mathbb{N} = \{0, 1, 2, \cdots\}$ [3] で番号付けされた箱の 1 次元的配列を用意して，$l_1, l_2, \cdots, l_n$ 番目の箱が粒子（黒丸 ● で表す）で占拠された図を考える（図1）．これが λ に対応するマヤ図形である．当然，各箱には高々 1 個の粒子しか入らないが，これは物理学で**パウリの排他原理**と呼ばれるフェルミオンの統計的性質に相当する．

図1 分割 $(4, 3, 2)$ に対応するマヤ図形

近年は，ヤング図形を「ロシア式」と呼ばれる形に描いて，ヤング図形とマヤ図形の関係を視覚的にわかりやすく見せることが流行になっている．ロシア式とは，山を上下逆にした形にヤング図形を描くことである（図2）．このロシア式ヤング図形の下にマヤ図形を置けば，ヤング図形の上側の境界（イギリス式やフランス式では平面の第4・第1象限に面している）の2種類の辺 $\diagdown$，$\diagup$ がそれぞれマヤ図形の粒子の入った箱と空の箱の真上に来る．

図2 ロシア式ヤング図形とマヤ図形の位置関係

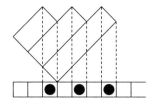

このままでは長さが n 以下の分割しか扱えないが，両側に無限に延びた箱の配列（整数の集合 $\mathbb{Z} = \{\cdots, -1, 0, 1, \cdots\}$ で番号付けしておく）を用意し

---

1) 「マヤ」という名称の由来はよくわからない．少なくともマヤ文明とは関係がないようである．
2) フェルミ粒子ともいう．「オン」は粒子を意味する接尾語である．
3) 0 も自然数とみなす流儀に従う．

て，そこに粒子を入れたマヤ図形を考えれば，任意の分割を扱うことができる．分割が $\lambda = (\lambda_i)_{i=1}^{\infty}$ という無限列（ある n から先の i では $\lambda_i = 0$ となる）で与えられているとする．整数列 $l_1, l_2, \cdots$ を

$$l_i = \lambda_i - i \qquad (i = 1, 2, \cdots)$$

と定めれば

$$l_1 > l_2 > \cdots$$

という不等式が成立し，$i > n$ では $l_i = -i$ となる．番号が $l_1, l_2, \cdots$ の箱に粒子を入れたものが求めるマヤ図形である（図3）．あるいは，$\lambda = (\lambda_1, \cdots, \lambda_n, 0, 0, \cdots)$ から $(\lambda_1, \cdots, \lambda_n)$ を切り出して，後者に対する図2のマヤ図形をつくり，その左側に粒子が入った箱を無限個追加してから全体を左に n だけずらしても，同じマヤ図形が得られる．

図3 分割の長さに制限を設けない設定

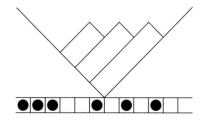

特に，0 の分割

$$\emptyset = (0, 0, \cdots)$$

（空のヤング図形を表す）の場合には，箱の配列の左半分（番号 $-1, -2, \cdots$）がすべて粒子で占拠され，右半分（番号 $0, 1, \cdots$）がすべて空になっているマヤ図形が対応する．物理学ではこれをエネルギーが最低の**基底状態**，そこから粒子が移動した一般のマヤ図形を**励起状態**とみなす．フェルミオンに対するこのような描像は物理学者ディラック（P. A. M. Dirac）によって提案された．基底状態において粒子に占拠された部分は（ディラックが「海」に喩えたことにちなんで）**ディラックの海**と呼ばれる．ディラックの解釈では，海の存在は観測では検出されず，励起状態において海から飛び出した粒子と海の中にできた空孔のみがそれぞれ現実の粒子とその**反粒子**（たとえば電子と陽電子[4]）として観測される．

なお，物理学ではマヤ図形の箱を整数ではなくて半整数 $k + \frac{1}{2}$ $(k \in \mathbb{Z})$ によって番号付けるのが普通である（山田泰彦の本[3]を参照されたい）．これはフェルミオンが半整数値の**スピン**をもつという事実に

基づく習慣であるが，今の設定では，マヤ図形の箱を数直線の区間 $[k, k+1]$ とみなしてその中点 $k+\frac{1}{2}$ に粒子を置く，という流儀に合わせていると言えなくもない．他方，上で用いた番号付けでは区間の左端 k が箱の番号になっている．

2　非交差経路の粒子的描像

前章ではシューア函数 $s_\lambda(\boldsymbol{x})$, $\boldsymbol{x} = (x_1, \cdots, x_N)$ のヤング盤表示

$$s_\lambda(\boldsymbol{x}) = \sum_{T \in \mathcal{T}(\lambda, \{1, \cdots, N\})} \boldsymbol{x}^T$$

（$\mathcal{T}(\lambda, \{1, \cdots, N\})$ は λ の表すヤング盤に 1 以上 N 以下の整数を書き込んだ半標準盤全体の集合を表す）から 2 通りの非交差経路和表示

$$s_\lambda(\boldsymbol{x}) = \sum_{\boldsymbol{Q} \in \mathcal{P}_0(\boldsymbol{C}, \boldsymbol{D})} w(\boldsymbol{Q}) = \sum_{\boldsymbol{P} \in \mathcal{P}_0(\boldsymbol{A}, \boldsymbol{B})} w(\boldsymbol{P})$$

を経由して行列式表示（ヤコビ-トゥルーディ公式）を導出した．ここで $\boldsymbol{Q} = (Q_1, \cdots, Q_n)$ と $\boldsymbol{P} = (P_1, \cdots, P_m)$ はそれぞれ半標準盤 T の行と列から決まる経路の組である．Q_i が xy 平面上の 2 点

$$C_i = \left(n-i, \frac{1}{2}\right), \quad D_i = \left(n-i+\lambda_i, N-\frac{1}{2}\right)$$

を基本的移動

$$\uparrow = (0, 1), \quad \longrightarrow = (1, 0)$$

の組合せで結ぶのに対して，P_j は

$$A_j = (n-1+j, 0), \quad B_j = (n-1+j-\lambda'_j, N)$$

を基本的移動

$$\diagdown = (-1, 1), \quad \uparrow = (0, 1)$$

の組合せで結ぶ．ここで λ_i $(i = 1, \cdots, n)$ と λ'_j $(j = 1, \cdots, m)$[5] はそれぞれ λ と λ' の成分を表している．

　これらの非交差経路を粒子的描像で見直してみよう．例として $\lambda = (4, 3, 2)$, $N = 4$ の場合の半標準盤

---

4)　これはあくまでたとえ話であり，マヤ図形はフェルミオンのおもちゃ模型にすぎない．本当の電子や陽電子は 4 次元ミンコフスキー時空に棲んでいるので，ディラックの海の定式化もそのことを考慮に入れたもう少し複雑なものになる．

5)　後の話の都合で，ここでは記号の使い方を前章のものから少し変えた．

$$T = \begin{pmatrix} 1 & 1 & 2 & 3 \\ 2 & 3 & 3 & \\ 3 & 4 & & \end{pmatrix} \qquad (1)$$

を考えれば，対応する非交差経路の組 $\boldsymbol{Q} = (Q_1, Q_2, Q_3)$，$\boldsymbol{P} = (P_1, P_2, P_3, P_4)$ は図4に示すようなものになる．このままでは粒子的解釈にやや不都合なので，ジンジュスタン[1]にならって，Q_i を両端から上下に長さ $\frac{1}{2}$ の線分で延長する．延長された経路を $\widetilde{Q_i}$ という記号で表そう．

図4 半標準盤(1)に対応する非交差経路

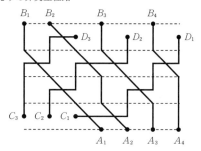

ジンジュスタンはこれらの経路 $\widetilde{Q_i}\ (i = 1, \cdots, n)$ を2次元時空（x が空間，y が時間の座標である）における粒子の軌跡（**世界線**）[6]のようなものとみなして，1次元空間の格子点 $x = 0, 1, \cdots$ に置かれた粒子の配置が離散的な時間の推移 $y = 0, 1, \cdots, N$ とともに変化すると解釈する．この解釈を視覚化するため，$\widetilde{Q_i}\ (i = 1, \cdots, n)$ と直線 $y = k$ の交点に粒子を表す黒丸●を置く．これに対して $P_j\ (j = 1, \cdots, m)$ の方は空孔の世界線と解釈されるので，直線 $y = k$ との交点に空孔を表す白丸○を置く．これによって図5に示すような粒子的描像が見えてくる．

図5 図4の非交差経路の粒子的描像

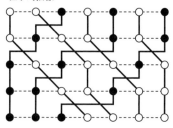

ヤング図形の成長過程

　このように非交差経路 Q, P を粒子や空孔の世界線と解釈して，各時刻（直線 $y=k$）における粒子と空孔の配置をマヤ図形あるいはヤング図形によって表現することを考える．時刻 k における状態を表す分割を $\lambda^{(k)}$ という記号で表す．図5の場合にはこれらの分割は

$$\lambda^{(0)} = (0,0,0),$$
$$\lambda^{(1)} = (2,0,0),$$
$$\lambda^{(2)} = (3,1,0),$$
$$\lambda^{(3)} = (4,3,1),$$
$$\lambda^{(4)} = (4,3,2)$$

となる．対応するヤング図形は図6のようになる．

図6　ヤング図形の成長過程（新たに加わった
　　　　正方形を陰影で強調している）

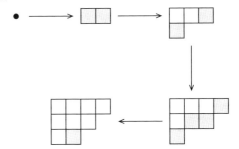

　この例が示すように，一般に $\lambda^{(k)}$ の間には包含関係 $\lambda^{(k-1)} \subseteqq \lambda^{(k)}$ が成立する．これは時間が $k-1$ から k に進むとき各粒子がその場にとどまるか右に移動し，左に移動することはない，ということからの帰結である．こうして分割の列 $\lambda^{(k)}$ $(k=0,1,\cdots,N)$ は $\lambda^{(0)} = \emptyset$ から出発して $\lambda^{(N)} = \lambda$ に至るヤング図形の成長過程を表していることがわかる．この成長過程は以下に説明するような特徴をもつ．

　半標準盤(1)と図6を見比べればわかるように，$\lambda^{(k-1)}$ が $\lambda^{(k)}$ に変わ

6）　これもたとえ話である．文字通りに世界線と解釈すれば，経路の水平部分では粒子が無限速度で移動する，という SF の話になる．実際，ジンジュスタンは「世界線」という言葉を使っていない．

る際には半標準盤 T の k が書き込まれた正方形がヤング図形に追加される. 言い換えれば, $\lambda^{(k)}$ が表すヤング図形は T において k 以下の数が書き込まれた部分に一致する. このように, 半標準盤はヤング図形の成長過程を最後に到達したヤング図形の上にコード化したものなのである.

T が半標準盤であることによって $\lambda^{(k)}$ の間には包含関係よりも強い制約が生じる. この制約を説明するためにここで「歪ヤング図形[7]」の概念を導入しておこう. 歪ヤング図形は次節で紹介する「歪シューア函数」の定義において本領を発揮するのだが, このあたりでその使い方に慣れておくのも悪くはない.

2つの分割 $\lambda = (\lambda_1, \cdots, \lambda_n)$, $\mu = (\mu_1, \cdots, \mu_n)$ が包含関係 $\lambda \supseteqq \mu$ にある(すなわち

$$\lambda_1 \geqq \mu_1, \quad \cdots, \quad \lambda_n \geqq \mu_n$$

という不等式が成立する)とする. このとき λ の表すヤング図形から μ の表すヤング図形の正方形をすべて除去して得られる図形を λ/μ という記号で表して, **歪ヤング図形**と呼ぶ. またその面積を $|\lambda/\mu|$ という記号で表す. もちろんこれは

$$|\lambda/\mu| = |\lambda| - |\mu|$$

と書き直すことができる. この意味で図6の各ヤング図形の陰影部分は $\lambda^{(k)}/\lambda^{(k-1)}$ という歪ヤング図形を表しており, シューア函数のヤング盤表示における重み $\boldsymbol{x}^T$ はそれらの面積を用いて

$$\boldsymbol{x}^T = \prod_{k=1}^{N} x_k^{|\lambda^{(k)}/\lambda^{(k-1)}|} \tag{2}$$

と表せる.

歪ヤング図形 λ/μ の各行は空または正方形が連続して並ぶ「帯」(言い換えれば, 1行だけからなるヤング図形)の形をしているが, 図6を見ればすぐに気が付くように, $\lambda^{(k)}/\lambda^{(k-1)}$ におけるこれらの帯はいずれも互いに上下に重ならない(すなわち辺を共有しない). これは半標準盤 $T = (t_{ij})_{(i,j) \in \lambda}$ の列方向の狭義単調増加条件 $t_{ij} < t_{i+1,j}$ からの帰結である.

一般に, λ/μ が上下に重ならない帯に分かれる, という条件は

$$\lambda_1 \geqq \mu_1 \geqq \lambda_2 \geqq \mu_2 \geqq \cdots \geqq \lambda_n \geqq \mu_n$$

という不等式で表せる. この条件が満たされることを $\lambda \succ \mu$[8]と表して, λ と μ は**交錯関係**[9]にあるという.

結論として, 半標準盤にコード化されたヤング図形の成長過程は包含関係よりも強い条件

$$\emptyset = \lambda^{(0)} < \lambda^{(1)} < \cdots < \lambda^{(N)} = \lambda \tag{3}$$

によって特徴づけられる．シューア函数 $s_\lambda(\boldsymbol{x})$ は(2)の重みを(3)のような中間状態 $\lambda^{(1)}, \cdots, \lambda^{(N-1)}$ の選び方について総和したものとして

$$s_\lambda(\boldsymbol{x}) = \sum_{(3)} \prod_{k=1}^{N} x_k^{|\lambda^{(k)}/\lambda^{(k-1)}|} \tag{4}$$

と表せる．

<h1>4 歪シューア函数</h1>

　これまで説明してきたシューア函数 $s_\lambda(\boldsymbol{x})$ の粒子的描像では，時刻 0 の粒子の状態は $\emptyset$（すなわち基底状態）に固定されている．これを一般の分割 μ（ただし包含関係 $\mu \subseteqq \lambda$ を満たすとする）に置き換えたものが**歪シューア函数** $s_{\lambda/\mu}(\boldsymbol{x})$ である．記号が示すように，これは歪ヤング図形 λ/μ に付随して決まる函数である．本書の後の章ではこの函数も必要になるので，ここでその定義などを簡単に説明しておきたい．

　前章と本章においてシューア函数について説明してきたことはほとんどそのまま歪シューア函数にも当てはまる．その要点は以下のようになる．細部を埋めることは読者に任せる．

（ i ）　組合せ論的には，$s_{\lambda/\mu}(\boldsymbol{x})$ は**歪ヤング盤表示**

$$s_{\lambda/\mu}(\boldsymbol{x}) = \sum_{T \in \mathcal{T}(\lambda/\mu, \{1, \cdots, N\})} \boldsymbol{x}^T$$

によって定義される．**歪ヤング盤**は歪ヤング図形の正方形に正整数を書き込んだものである．歪ヤング図形 λ/μ の上の歪ヤング盤を $T = (t_{ij})_{(i,j) \in \lambda/\mu}$ と表すとき，行方向の単調増加条件 $t_{ij} \leqq t_{i,j+1}$ と列方向の狭義単調増加条件 $t_{ij} < t_{i+1,j}$ を満たすものを（ヤング盤の場合と同様に）半標準盤という．上の定義式の $\mathcal{T}(\lambda/\mu, \{1, \cdots, N\})$ は λ/μ に1以上 N 以下の整数を書き込んだ半標準盤全体の集合を表す．また，$\boldsymbol{x}^T$ は

$$\boldsymbol{x}^T = \prod_{(i,j) \in \lambda/\mu} x_{t_{ij}}$$

---

7)　「歪（わい）」は英語の skew の和訳である．後述の歪シューア函数の場合も同様である．

8)　通常の不等号と区別するために曲がった不等号を用いる．

9)　英語で interlacing relation という．まだ確定した訳語がないようなので，仮にこのように訳してみた．

と定義される単項式である.

（ii） λ, μ とその転置を
$$\lambda = (\lambda_1, \cdots, \lambda_n), \qquad \mu = (\mu_1, \cdots, \mu_n),$$
$${}^t\lambda = (\lambda'_1, \cdots, \lambda'_m), \qquad {}^t\mu = (\mu'_1, \cdots, \mu'_m)$$
と表す. 半標準盤 $T \in \mathcal{T}(\lambda/\mu, \{1, \cdots, N\})$ の行と列から, 非交差経路の組 $\boldsymbol{Q} = (Q_1, \cdots, Q_n)$ と $\boldsymbol{P} = (P_1, \cdots, P_m)$ が定まる. Q_i は平面上の2点
$$C_i = \left(n-i+\mu_i, \frac{1}{2}\right), \qquad D_i = \left(n-i+\lambda_i, N-\frac{1}{2}\right)$$
を $\uparrow$ と $\longrightarrow$ の組合せで結ぶ経路であり, P_j は
$$A_j = (n-1+j-\mu'_j, 0), \qquad B_j = (n-1+j-\lambda'_j, N)$$
を $\searatrow$ と $\uparrow$ の組合せで結ぶ経路である. これらによって $s_{\lambda/\mu}(\boldsymbol{x})$ は
$$s_{\lambda/\mu}(\boldsymbol{x}) = \sum_{\boldsymbol{Q} \in \mathcal{P}_0(\boldsymbol{C}, \boldsymbol{D})} w(\boldsymbol{Q}) = \sum_{\boldsymbol{P} \in \mathcal{P}_0(\boldsymbol{A}, \boldsymbol{B})} w(\boldsymbol{P})$$
という非交差経路和に書き直せる.

（iii） この非交差経路和に LGV 公式を適用すれば, $s_{\lambda/\mu}(\boldsymbol{x})$ に対する2種類の行列式表示
$$s_{\lambda/\mu}(\boldsymbol{x}) = \det(h_{\lambda_i - \mu_j - i + j}(\boldsymbol{x}))_{i,j=1}^n$$
$$= \det(e_{\lambda'_i - \mu'_j - i + j}(\boldsymbol{x}))_{i,j=1}^m$$
が得られる. これが歪シューア函数に対するヤコビ–トゥルーディ公式である.

（iv） 非交差経路和 $\boldsymbol{Q}, \boldsymbol{P}$ を第2節・第3節のように粒子的描像で見直せば, 時刻 0 と時刻 N における粒子の配置はそれぞれ μ と λ に対応している. 中間状態を表す分割 $\lambda^{(k)}$ は全体として
$$\mu = \lambda^{(0)} < \lambda^{(1)} < \cdots < \lambda^{(N)} = \lambda \tag{5}$$
というヤング図形の成長過程を表している. 歪シューア函数はこの条件を満たす中間状態 $\lambda^{(1)}, \cdots, \lambda^{(N-1)}$ の選び方に関する総和として
$$s_{\lambda/\mu}(\boldsymbol{x}) = \sum_{(5)} \prod_{k=1}^N x_k^{|\lambda^{(k)}/\lambda^{(k-1)}|} \tag{6}$$
と表せる.

（v） ヤング盤表示による歪シューア函数の定義は包含関係 $\lambda \supseteq \mu$ にあるヤング図形の対 λ, μ に対してのみ意味をもつが, それ以外の場合には

$$\lambda \not\trianglerighteq \mu \Longrightarrow s_{\lambda/\mu}(\boldsymbol{x}) = 0$$

と定義するのが自然である．実際，非交差経路表示ではこのことは表示式から従う．すなわち，$\lambda \not\trianglerighteq \mu$ ならば $\mathcal{P}_0(\boldsymbol{A}, \boldsymbol{B})$ や $\mathcal{P}_0(\boldsymbol{C}, \boldsymbol{D})$ が空集合になって，非交差経路和は 0 になる．ヤコビートゥルーディ公式でも同様である．すなわち，$\lambda \not\trianglerighteq \mu$ ならば右辺の行列式の値が 0 になる．

　最後に，(4), (6) の応用として，ある公式を導いてみよう．

　シューア函数の変数の組 $\boldsymbol{x} = (x_1, \cdots, x_N)$ を $\boldsymbol{y} = (x_1, \cdots, x_M)$ と $\boldsymbol{z} = (x_{M+1}, \cdots, x_N)$ に分ける．これに対応して $s_\lambda(\boldsymbol{x})$ に対する (4) の表示式の右辺を

（a）　$\lambda^{(1)}, \cdots, \lambda^{(M-1)}$

（b）　$\lambda^{(M)}$

（c）　$\lambda^{(M+1)}, \cdots, \lambda^{(N-1)}$

の 3 組に関する総和に分けて，(a) と (c) についての総和を先に行う形に変形すれば，$s_\lambda(\boldsymbol{x})$ は

$$s_\lambda(\boldsymbol{x}) = \sum_{\lambda^{(M)}} \left(\sum_{(a)} \prod_{k=1}^{M} x_k^{|\lambda^{(k)}/\lambda^{(k-1)}|} \right) \left(\sum_{(c)} \prod_{k=M+1}^{N} x_k^{|\lambda^{(k)}/\lambda^{(k-1)}|} \right)$$

と表せる．(a) についての総和は (4) によって $s_{\lambda^{(M)}}(\boldsymbol{y})$ に等しい．他方，(c) についての総和に関しては，変数 $\boldsymbol{z}$ の添え字が M から始まる M, $\cdots$, N であることに注意して (6) を適用すれば（k の動く範囲が $k = M, \cdots$, N に変わるだけである），$s_{\lambda/\lambda^{(M)}}(\boldsymbol{z})$ に等しいことがわかる．したがって，$\lambda^{(M)}$ を改めて μ と表せば，上の $s_\lambda(\boldsymbol{x}) = s_\lambda(\boldsymbol{y}, \boldsymbol{z})$ の展開は

$$s_\lambda(\boldsymbol{y}, \boldsymbol{z}) = \sum_\mu s_\mu(\boldsymbol{y}) s_{\lambda/\mu}(\boldsymbol{z}) \tag{7}$$

となる．これは一種の「加法公式」であり，後の章で平面分割の母函数（第 3 章で説明したように，長方形のヤング図形に対するシューア函数になる）のある種の展開公式を説明する際の基礎になる．

　シューア函数の代わりに歪シューア函数 $s_{\lambda/\nu}(\boldsymbol{x})$ に対して同様の議論を繰り返せば，(7) を一般化した公式

$$s_{\lambda/\nu}(\boldsymbol{y}, \boldsymbol{z}) = \sum_\mu s_{\mu/\nu}(\boldsymbol{y}) s_{\lambda/\mu}(\boldsymbol{z}) \tag{8}$$

が得られる．この議論の細部を埋めることも読者に任せよう．

本章ではシューア函数の非交差経路和表示の粒子的解釈を説明した.
ここで登場した粒子系は場の量子論でフェルミオンと呼ばれるもので
あり, その状態はマヤ図形あるいはヤング図形で表せる. 非交差経路
はそのようなヤング図形の成長過程に翻訳される. このような解釈か
らシューア函数に対して新たな表示式(4)が得られた. さらにシュー
ア函数の一般化である歪シューア函数に対しても同様の表示式(6)が
得られた.

参考文献

〔1〕 P. Zinn-Justin, *Six-vertex, loop and tiling models: Integrability and combinatorics*, 学位論文. http://arxiv.org/abs/0901.0665
〔2〕 山田裕史『組合せ論プロムナード』(日本評論社, 2009).
〔3〕 山田泰彦『共形場理論』(培風館, 2006).

第6章

ワイルの指標公式

2章にわたって一般のシューア函数の解説を行ったが、そろそろ平面分割に話を戻そう。その準備として本章では**ワイル**(H. Weyl)**の指標公式**を紹介する。第3章で説明したように、箱入り平面分割の個数は長方形のヤング図形のシューア函数の特殊値で与えられる。第1章で掲げた目標である「マクマホンの公式」を導出するには、この特殊値を実際に計算する必要がある。そのためにワイルの指標公式を用いるのである。表現論の観点では、シューア函数は一般線形群のある既約表現の指標であり、ワイルの指標公式はそれを行列式の比として表すものである。本書では表現論に深入りすることは避けたいので(山田の本[1]で雰囲気を知ることはできる)、最初にシューア函数の表現論的な意味をごく手短かに解説してから、組合せ論的にヤコビ-トゥルーディ公式からワイルの指標公式を導くことにする。この計算は行列式を操作する純線形代数的なものである。表現論的な取り扱いの詳細を知りたい読者は岩堀[2]や岡田[3]の解説書などを参照されたい。ちなみに、本書は『線形代数と数え上げ』と題しているが、線形代数に関してはこれまで行列式の定義しか使っていなかった。本章で初めて線形代数らしい題材を扱う。

1 表現指標としてのシューア函数

話を簡単にするため、以下では線形空間[1] として複素数体 $\mathbb{C}$ 上の有限次元線形空間のみを考える。

一般に群 G の**線形表現**(略して**表現**)とは、**表現空間**と呼ばれる線形

空間 V が指定され，G の各要素 g に対して V 上の線形同型（可逆な線形写像）$\rho(g) : V \to V$ が定義されて，任意の $g, h \in G$ に対して

$$\rho(gh) = \rho(g)\rho(h)$$

という等式が成立する（結果として，G の単位要素 e に対して $\rho(e) = \mathrm{id}$ となる），という設定のことである．言い換えれば，ρ は G から $\mathrm{GL}(V)$（V 上の線形同型全体のなす群）への群準同型であり，群準同型 ρ と表現空間 V の組 (ρ, V) を表現と呼ぶのが正式の考え方である．

なお，記号が煩雑になることを避けて，$g \in G$，$v \in V$ に対する $\rho(g)v$ を $g \cdot v$ や gv と略記することも多い．これは「G が V に作用する」という見方に基づく記法である．この意味で，V の線形部分空間 W が G の作用によって不変（略して G 不変），すなわち任意の $g \in G$ に対して

$$g \cdot W = W$$

となるとき，W も G の表現とみなせる．$\{0\}$ と V 以外にこのような **G 不変部分空間** が存在しないとき，表現 (ρ, V) は **既約** であるという．既約でない表現は **可約** であるという．

V の基底 $u_1, \cdots, u_d$ $(d = \dim V)$ を選べば，$\rho(g)$ を行列表示することができる．その行列の成分 $\rho_{ij}(g)$ $(i, j = 1, \cdots, d)$ は

$$g \cdot u_j = \sum_{i=1}^{d} \rho_{ij}(g) u_i$$

という関係式によって定義される．V の基底を取り替えてもこの行列は $\rho(g) \to P\rho(g)P^{-1}$（$P$ は正則な行列）というように変わるだけなので，トレースの一般的な性質

$$\mathrm{Tr}(AB) = \mathrm{Tr}(BA)$$

から，この行列のトレース

$$\mathrm{Tr}\rho(g) = \sum_{i=1}^{d} \rho_{ii}(g)$$

が基底の選び方によらないことがわかる．$\mathrm{Tr}\rho : G \to \mathbb{C}$ を表現 ρ の **指標** という．指標の単位要素における値は表現空間の次元に等しい

$$\mathrm{Tr}\rho(e) = d$$

ということに注意されたい．

指標を群上の函数とみなしたものは特別な種類の函数になる．ρ と G の任意の要素 g, h に対して

$$\rho(hgh^{-1}) = \rho(h)\rho(g)\rho(h)^{-1}$$

という等式が成立することに注目されたい．このことから

$$\mathrm{Tr}\rho(hgh^{-1}) = \mathrm{Tr}\rho(g)$$

という等式が成立することがわかる．この等式は指標が**類函数**，すなわち群の要素の**共役類**（$hgh^{-1} \sim g$ という同値関係に関する同値類）のみに依存する函数であることを示している．

表現論的に見れば，分割 $\lambda = (\lambda_1, \cdots, \lambda_n)$ に対する n 変数 $\boldsymbol{x} = (x_1, \cdots, x_n)$ のシューア函数 $s_\lambda(\boldsymbol{x})$ は一般線形群 $\mathrm{GL}(n, \mathbb{C})$ のある既約表現 $(\rho_\lambda, V_\lambda)$ の指標の

$$g = \mathrm{diag}(x_1, \cdots, x_n) = (x_i \delta_{ij})_{i,j=1}^n$$

という対角行列に対する値にほかならない．すなわち

$$\mathrm{Tr}\rho_\lambda(g) = s_\lambda(x_1, \cdots, x_n) \tag{1}$$

という等式が成立する．実際には，指標は類函数であるから，この等式は $\mathrm{diag}(x_1, \cdots, x_n)$ に対角化されるようなすべての $g \in \mathrm{GL}(n, \mathbb{C})$ に対して成立する．その意味で，(1)は $\mathrm{GL}(n, \mathbb{C})$ の対角化可能な要素 g に対して $\mathrm{Tr}\rho_\lambda(g)$ の値を g の固有値の組 $x_1, \cdots, x_n$ で表すものとして解釈できる．

ここに登場した表現 $(\rho_\lambda, V_\lambda)$ は λ を**最高ウェイト**とする**既約多項式表現**と呼ばれるものである．最高ウェイトの概念やこの表現の構成については参考文献[1, 2, 3]に譲るが，シューア函数が現れる仕組をかいつまんで説明すれば以下のようになる．

（ⅰ）　V_λ は半標準盤でラベル付けされた基底 $u_T, T \in \mathcal{T}(\lambda, \{1, \cdots, n\})$[2] をもつ．特に，$V_\lambda$ の次元 $d_\lambda(n) = \dim V_\lambda$ は

$$d_\lambda(n) = |\mathcal{T}(\lambda, \{1, \cdots, n\})|$$

と表せる．

（ⅱ）　対角行列 $g = \mathrm{diag}(x_1, \cdots, x_n)$ は u_T に

$$g \cdot u_T = \boldsymbol{x}^T u_T$$

と作用する．ここで $\boldsymbol{x}^T$ は $T = (t_{ij})_{(i,j) \in \lambda}$ によって

$$\boldsymbol{x}^T = \prod_{(i,j) \in \lambda} x_{t_{ij}}$$

1）「ベクトル空間」ともいうが，ベクトル空間という言葉は「ベクトル」の空間という少し狭い意味に感じられるので，ここでは『岩波数学辞典』（岩波書店）にならって「線形空間」を用いる．

2）本書では λ 型のヤング図形に 1 から n までの整数を並べた半標準盤全体の集合を $\mathcal{T}(\lambda, \{1, \cdots, n\})$ という記号で表している．参考文献[1, 2, 3]と読み比べるときには記号の違いに留意されたい．

と表せる. 特に, $\rho_\lambda(g)$ をこの基底で行列表示すれば対角行列
になる.

(iii) 以上のことから, 対角行列 $g = \mathrm{diag}(x_1, \cdots, x_n)$ に対する指標の
値は

$$\mathrm{Tr}\,\rho_\lambda(g) = \sum_{T \in \mathcal{T}(\lambda, \{1, \cdots, n\})} x^T$$

と表せて, $s_\lambda(x_1, \cdots, x_n)$ に一致する.

2 指標公式

本章の主役であるワイルの指標公式は

$$s_\lambda(x_1, \cdots, x_n) = \frac{\det(x_i^{\lambda_j + n - j})_{i, j=1}^n}{\det(x_i^{n - j})_{i, j=1}^n} \tag{2}$$

という形をしている. 右辺の分子は $x_1, \cdots, x_n$ の多項式として**交代式**
である. すなわち, n 次対称群 S_n の要素 $\sigma \in S_n$ の作用について

$$\det(x_{\sigma(i)}^{\lambda_j + n - j})_{i, j=1}^n = \mathrm{sgn}(\sigma) \det(x_i^{\lambda_j + n - j})_{i, j=1}^n$$

($\mathrm{sgn}(\sigma)$ は σ の符号を表す)というように符号を変える. 分母は分子の
$\lambda = \emptyset$ の場合とみなせるが, こちらはいわゆる**ヴァンデルモンド**(Van-
dermonde)**行列式**であり, 線形代数で学ぶように, $x_1, \cdots, x_n$ の差積

$$\Delta(x_1, \cdots, x_n) = \prod_{1 \le i < j \le n} (x_i - x_j)$$

に等しい:

$$\det(x_i^{n - j})_{i, j=1}^n = \Delta(x_1, \cdots, x_n)$$

一般に, 任意の交代多項式は差積で割り切れて, 商は対称多項式にな
る. この意味では(2)の右辺も対称多項式であり, それが $s_\lambda(x_1, \cdots, x_n)$
に等しい, というのが(2)の主張である.

ちなみに, (2)の分母の行列式を行列式の定義に従って展開すれば

$$\det(x_i^{n - j})_{i, j=1}^n = \sum_{\sigma \in S_n} \mathrm{sgn}(\sigma) \prod_{i=1}^n x_i^{n - \sigma(i)}$$

となる. これは**ワイルの分母公式**と呼ばれるものの原型であり, S_n が
$GL(n, \mathbb{C})$ とその**リー**(Lie)**代数**[3] に対して**ワイル群**の役割を果たすこ
とを示している(山田[1]の解説を参照されたい). (2)の分子も S_n にわた
る同様の総和として表せる. このような表現論的観点から, 指標公式
と分母公式はさまざまな場合に一般化されている.

3 指標公式の導出

3.1 導出の方針

以下ではヤコビ-トゥルーディ公式

$$s_\lambda(\boldsymbol{x}) = \det(h_{\lambda_j-j+i}(\boldsymbol{x}))_{i,j=1}^n \tag{3}$$

($h_m(\boldsymbol{x})$ は $\boldsymbol{x}$ の m 次完全対称式を表す)から指標公式(2)を導出する。そのために $\lambda_1, \cdots, \lambda_n$ の代わりに

$$l_i = \lambda_i + n - i \qquad (i = 1, \cdots, n)$$

(これらは前章の話ではマヤ図形の粒子が入っている箱の番号として現れた)を用いて(3)の右辺の行列式と(2)の右辺の分子の行列式を

$$\det(h_{\lambda_j-j+i}(\boldsymbol{x}))_{i,j=1}^n = \det(h_{l_j-n+i}(\boldsymbol{x}))_{i,j=1}^n,$$
$$\det(x_i^{\lambda_j+n-j})_{i,j=1}^n = \det(x_i^{l_j})_{i,j=1}^n$$

と書き直しておく。これらの行列式に対して

$$\det(h_{l_j-n+i}(\boldsymbol{x}))_{i,j=1}^n = \frac{\det(x_i^{l_j})_{i,j=1}^n}{\Delta(x_1, \cdots, x_n)} \tag{4}$$

という等式が成立することを示せばよい。

この等式(4)を導くために,新たに変数 $\boldsymbol{y} = (y_1, \cdots, y_n)$ を導入して(4)の両辺を母函数の形で扱うことを考える。その際,分割の成分に課した条件

$$\lambda_n \leqq \cdots \leqq \lambda_1$$

に対応する条件

$$l_n < \cdots < l_1$$

が残っていると母函数を考えにくいが,実際にはそれを無視して作った母函数

$$F(\boldsymbol{x}, \boldsymbol{y}) = \sum_{l_1,\cdots,l_n=0}^{\infty} \det(h_{l_j-n+i}(\boldsymbol{x}))_{i,j=1}^n \prod_{j=1}^n y_j^{l_j},$$

$$G(\boldsymbol{x}, \boldsymbol{y}) = \sum_{l_1,\cdots,l_n=0}^{\infty} \det(x_i^{l_j})_{i,j=1}^n \prod_{j=1}^n y_j^{l_j}$$

に対して(4)を意味する等式

$$F(\boldsymbol{x}, \boldsymbol{y}) = \frac{G(\boldsymbol{x}, \boldsymbol{y})}{\Delta(x_1, \cdots, x_n)} \tag{5}$$

が示せる。結果として,任意の非負整数の組 $l_1, \cdots, l_n$ に対して,(4)が

---

3) 数学では「リー環」と呼ばれることが多いが,英語では Lie algebra というので,物理流の「リー代数」の方がふさわしいように思われる。

成立することがわかる.

3.2 ■ 母函数 $F(\boldsymbol{x}, \boldsymbol{y})$ の計算

$F(\boldsymbol{x}, \boldsymbol{y})$ の定義式の各項を

$$\det(h_{l_j-n+i}(\boldsymbol{x}))_{i,j=1}^{n} \prod_{j=1}^{n} y_j^{l_j} = \det(h_{l_j-n+i}(\boldsymbol{x})y_j^{l_j})_{i,j=1}^{n}$$

と書き直してから $\sum_{l_j=0}^{\infty}$ を行列式の第 j 列に押し込めば（いずれも行列式の列に関する多重線形性に基づく）, $F(\boldsymbol{x}, \boldsymbol{y})$ は

$$F(\boldsymbol{x}, \boldsymbol{y}) = \det\left(\sum_{l_j=0}^{\infty} h_{l_j-n+i}(\boldsymbol{x})y_j^{l_j}\right)_{i,j=1}^{n}$$

と表せる. ところで, 完全対称式は

$$\begin{aligned}
H(\boldsymbol{x}, y) &= \sum_{m=0}^{\infty} h_m(\boldsymbol{x})y^m \\
&= \prod_{i=1}^{n}(1+x_i y + x_i^2 y^2 + \cdots) \\
&= \prod_{i=1}^{n} \frac{1}{1-x_i y}
\end{aligned}$$

という母函数をもつ. $m < 0$ のとき $h_m(\boldsymbol{x}) = 0$ であることに注意してこの母函数を用いれば, $F(\boldsymbol{x}, \boldsymbol{y})$ の行列式表示の中身は

$$\sum_{l_j=0}^{\infty} h_{l_j-n+i}(\boldsymbol{x})y_j^{l_j} = H(\boldsymbol{x}, y_j)y_j^{n-i}$$

と書き直せる. ここで再び行列式の列に関する多重線形性を用いれば, $H(\boldsymbol{x}, y_j)$ を行列式の外にくくり出すことができる. こうして $F(\boldsymbol{x}, \boldsymbol{y})$ は最終的に

$$\begin{aligned}
F(\boldsymbol{x}, \boldsymbol{y}) &= \prod_{j=1}^{n} H(\boldsymbol{x}, y_j) \times \det(y_j^{n-i})_{i,j=1}^{n} \\
&= \frac{\Delta(y_1, \cdots, y_n)}{\prod_{i,j=1}^{n}(1-x_i y_j)}
\end{aligned} \tag{6}$$

と表せる.

3.3 ■ 母函数 $G(\boldsymbol{x}, \boldsymbol{y})$ の計算

$F(\boldsymbol{x}, \boldsymbol{y})$ の場合と同様に, $G(\boldsymbol{x}, \boldsymbol{y})$ の定義式において $y_j^{l_j}$ と $\sum_{l_j=0}^{\infty}$ を行列式の中に押し込めば

$$\begin{aligned}
G(\boldsymbol{x}, \boldsymbol{y}) &= \det\left(\sum_{l_j=0}^{\infty} x_i^{l_j} y_j^{l_j}\right)_{i,j=1}^{n} \\
&= \det\left(\frac{1}{1-x_i y_j}\right)_{i,j=1}^{n}
\end{aligned}$$

となる．ここに現れた行列式は**コーシー**(Cauchy)**行列式**と呼ばれるもので[4]，

$$\det\left(\frac{1}{1-x_iy_j}\right)_{i,j=1}^{n} = \frac{\Delta(\boldsymbol{x})\,\Delta(\boldsymbol{y})}{\prod\limits_{i,j=1}^{n}(1-x_iy_j)} \tag{7}$$

という美しい公式が知られている．ここで $\Delta(x_1,\cdots,x_n)$ と $\Delta(y_1,\cdots,y_n)$ を $\Delta(\boldsymbol{x}),\Delta(\boldsymbol{y})$ と略記した．

(7)を証明しよう．まず，左辺の行列式の第1行，$\cdots$，第 $n-1$ 行のそれぞれから第 n 行を差し引く．このとき第 (i,j) 成分は

$$\frac{1}{1-x_iy_j}-\frac{1}{1-x_ny_j}=\frac{(x_i-x_n)y_j}{(1-x_iy_j)(1-x_ny_j)}$$

に変わるが，分子の x_i-x_n と分母の $1-x_ny_j$ はそれぞれ第 i 行と第 j 列にわたって一斉に行列式の外にくくり出せる．こうして(7)の左辺の行列式は

$$\det\left(\frac{1}{1-x_iy_j}\right)_{i,j=1}^{n}=\frac{\prod\limits_{i=1}^{n-1}(x_i-x_n)}{\prod\limits_{i=1}^{n}(1-x_ny_i)}\begin{vmatrix}\dfrac{y_1}{1-x_1y_1}&\cdots&\dfrac{y_n}{1-x_1y_n}\\\vdots&&\vdots\\\dfrac{y_1}{1-x_{n-1}y_1}&\cdots&\dfrac{y_n}{1-x_{n-1}y_n}\\1&\cdots&1\end{vmatrix}$$

と変形できる．ここに現れた行列式において第1列，$\cdots$，第 $n-1$ 列のそれぞれから第 n 列を差し引けば，第 n 行以外の成分は

$$\frac{y_j}{1-x_iy_j}-\frac{y_n}{1-x_iy_n}=\frac{y_j-y_n}{(1-x_iy_j)(1-x_iy_n)}$$

に変わり，第 n 行では (n,n) 成分以外は 0 に変わる．この行列式は第 n 行と第 n 列を除去した小行列式

$$\det\left(\frac{y_j-y_n}{(1-x_iy_j)(1-x_iy_n)}\right)_{i,j=1}^{n-1}$$

に帰着するが，分子の y_j-y_n と分母の $1-x_iy_n$ は行列式の外にくくり出せる．結果として

---

4)　分母の $1-x_iy_j$ を x_i-y_j に置き換えたものも同じ名前で呼ばれることが多い．実際には両者は簡単な関係式で結ばれる．

$$\det\left(\frac{1}{1-x_iy_j}\right)_{i,j=1}^{n}$$

$$= \frac{\prod\limits_{i=1}^{n-1}(x_i-x_n)(y_i-y_n)}{\prod\limits_{i=1}^{n-1}(1-x_ny_i)(1-x_iy_n)}\,\frac{1}{1-x_ny_n}\det\left(\frac{1}{1-x_iy_j}\right)_{i,j=1}^{n-1}$$

という等式が得られるが，求める公式(7)はこれから n に関する帰納法でただちに従う．

こうして $G(\boldsymbol{x},\boldsymbol{y})$ が最終的に

$$G(\boldsymbol{x},\boldsymbol{y}) = \frac{\Delta(x_1,\cdots,x_n)\,\Delta(y_1,\cdots,y_n)}{\prod\limits_{i,j=1}^{n}(1-x_iy_j)} \tag{8}$$

と表せることがわかった．これを $F(\boldsymbol{x},\boldsymbol{y})$ の表示式(6)と見比べれば，たしかに(5)が成立していることがわかる．

4 コーシー等式

前節で用いた母函数に関連して「コーシー等式」と呼ばれる重要な等式にも触れておく．

$G(\boldsymbol{x},\boldsymbol{y})$ の定義式

$$G(\boldsymbol{x},\boldsymbol{y}) = \sum_{l_1,\cdots,l_n=0}^{\infty}\det(x_i^{l_j})_{i,j=1}^{n}\prod_{j=1}^{n}y_j^{l_j}$$

を見直してみよう．$l_1,\cdots,l_n$ の間に重複があれば行列式が 0 になるので，そのような項は総和に残らない．それ以外の項は

- $l_1,\cdots,l_n$ が $l_n<\cdots<l_1$ というように整列した項
- 整列した $l_1,\cdots,l_n$ を置換 $\sigma\in S_n$ によって並べ替えた項

であるから，$G(\boldsymbol{x},\boldsymbol{y})$ は

$$G(\boldsymbol{x},\boldsymbol{y}) = \sum_{0\leqq l_n<\cdots<l_1<\infty}\sum_{\sigma\in S_n}\det(x_i^{l_{\sigma(j)}})_{i,j=1}^{n}\prod_{j=1}^{n}y_j^{l_{\sigma(j)}}$$

と書き直せる．ここに現れた行列式は列に関する反対称性によって

$$\det(x_i^{l_{\sigma(j)}})_{i,j=1}^{n} = \mathrm{sgn}(\sigma)\det(x_i^{l_j})_{i,j=1}^{n}$$

と表せるが，$\det(x_i^{l_j})_{i,j=1}^{n}$ を $\sum\limits_{\sigma\in S_n}$ の外に出せば，残る項の σ についての総和は

$$\sum_{\sigma\in S_n}\mathrm{sgn}(\sigma)\prod_{j=1}^{n}y_j^{l_{\sigma(j)}} = \det(y_i^{l_j})_{i,j=1}^{n}$$

という行列式にまとまる．こうして $G(\boldsymbol{x}, \boldsymbol{y})$ は

$$G(\boldsymbol{x}, \boldsymbol{y}) = \sum_{0 \leqq l_n < \cdots < l_1 < \infty} \det(x_i^{l_j})_{i,j=1}^n \det(y_i^{l_j})_{i,j=1}^n \qquad (9)$$

とも表せることがわかる．

　(9)の両辺を $\Delta(x_1, \cdots, x_n) \Delta(y_1, \cdots, y_n)$ で割れば，右辺は指標公式(2)によって $s_\lambda(\boldsymbol{x}) s_\lambda(\boldsymbol{y})$ の和に変わる．$0 \leqq l_n < \cdots < l_1 < \infty$ という条件は分割に対する条件 $0 \leqq \lambda_n \leqq \cdots \leqq \lambda_1 < \infty$ に対応するので，和の範囲は長さ n 以下のすべての分割 λ にわたる．他方，(9)の左辺は(8)によって書き直せる．こうして得られる等式は，両辺を逆にして書けば，

$$\sum_\lambda s_\lambda(\boldsymbol{x}) s_\lambda(\boldsymbol{y}) = \frac{1}{\prod\limits_{i,j=1}^n (1 - x_i y_j)} \qquad (10)$$

となる．これが**コーシー等式**である．ただし，「コーシー等式」というときには

$$\frac{1}{1-t} = \exp(-\log(1-t)) = \exp\left(\sum_{k=1}^\infty \frac{t^k}{k}\right)$$

という母函数の書き換え公式を用いて(10)の右辺を以下のように書き直したものを指すこともある：

$$\sum_\lambda s_\lambda(\boldsymbol{x}) s_\lambda(\boldsymbol{y}) = \exp\left(\sum_{k=1}^\infty \frac{1}{k} p_k(\boldsymbol{x}) p_k(\boldsymbol{y})\right) \qquad (11)$$

ここで $p_k(\boldsymbol{x}), p_k(\boldsymbol{y})$ は $\boldsymbol{x}, \boldsymbol{y}$ の**べき和**と呼ばれる次の量を表す：

$$p_k(\boldsymbol{x}) = \sum_{i=1}^n x_i^k, \qquad p_k(\boldsymbol{y}) = \sum_{i=1}^n y_i^k$$

5 　次元公式

　第1節で説明したことによって，$s_\lambda(\boldsymbol{x})$ の $x_1 = 1, \cdots, x_n = 1$ における値は表現空間 V_λ の次元(言い換えればλ型半標準盤の個数) $d_\lambda(n)$ に等しい．指標公式の応用としてこの数の表示式(**次元公式**)を導いておこう．これが次章の話の出発点になる．第3章で説明したように，$r \times s \times t$ の直方体に含まれる平面分割の個数は $\lambda = (t^r)$ (長方形のヤング図形)，$n = r + s$ の場合の $d_\lambda(n)$ にほかならないからである．

　この計算を行うには工夫が必要である．実際，指標公式にいきなり $x_1 = 1, \cdots, x_n = 1$ を代入すると，右辺の分子と分母の行列式が同時に0になってしまう．そこで，新たな変数 q を導入して

$$x_1 = q^{n-1}, \qquad x_2 = q^{n-2}, \qquad \cdots, \qquad x_n = 1$$

を代入し(これを**主特殊化**5) という)，指標公式の右辺の値を求めてから $q \to 1$ の極限をとることを考える．

主特殊化によって指標公式は

$$s_\lambda(q^{n-1}, q^{n-2}, \cdots, 1) = \frac{\det(q^{(n-i)l_j})_{i,j=1}^n}{\det(q^{(n-i)(n-j)})_{i,j=1}^n}$$

となる．ここで $l_1, \cdots, l_n$ は第3節で用いたものと同じである．分子の行列式はヴァンデルモンド行列式とみなすことができて

$$\det(q^{(n-i)l_j})_{i,j=1}^n = \Delta(q^{l_1}, \cdots, q^{l_n})$$

と表せる．分母の行列式はこれを $l_j = n-j$ に特殊化したものである．シューア函数の主特殊化はこれらの比として

$$s_\lambda(q^{n-1}, q^{n-2}, \cdots, 1) = \prod_{1 \le i < j \le n} \frac{q^{l_i} - q^{l_j}}{q^{n-i} - q^{n-j}} \tag{12}$$

と表せる．この段階で $q \to 1$ の極限をとれば

$$d_\lambda(n) = s_\lambda(1, \cdots, 1) = \prod_{1 \le i < j \le n} \frac{l_i - l_j}{j - i} \tag{13}$$

となる．これが次元公式である．(12)は(13)のいわゆる **q 変形**とみなせる．

本章ではシューア函数の表現論的な意味を解説した後，母函数の方法と線形代数的計算によってヤコビ–トゥルーディ公式からワイルの指標公式(2)を導出した．その計算の副産物としてコーシー等式(10)も得られた．さらに変数の主特殊化によって指標公式から表現空間の次元公式(13)とその q 変形(12)を導いた．

参考文献

［1］ 山田裕史『組合せ論プロムナード』(日本評論社，2009).

［2］ 岩堀長慶『対称群と一般線型群の表現論』(岩波書店，1978／岩波オンデマンドブックス，2019).

［3］ 岡田聡一『古典群の表現論と組合せ論(上・下)』(培風館，2006).

---

5) 英語で principal specialization という．確定した訳語がまだないようなので，このように直訳してみた．

第7章

マクマホンの公式

　本章ではいよいよ**マクマホンの公式**を取り上げる．正確に言えば，「マクマホンの公式」はいくつかの異なる設定で得られる公式群の総称である．第1章で予告した箱入り平面分割の個数 $N_{r,s,t}$ に対するマクマホンの公式はこれまで準備してきたことからすぐに導出できる．この公式は箱入り平面分割 $\pi = (\pi_{ij})$ に重み $q^{|\pi|}$ ($|\pi| = \sum_{i,j} \pi_{ij}$) を付けて数え上げた(いわゆる **$q$ 数え上げ**の)母函数 $N_{r,s,t}(q)$ に拡張される．$N_{r,s,t}(q)$ は $N_{r,s,t}$ の q 変形であり，$q \to 1$ の極限で $N_{r,s,t}$ に帰着するという意味で $N_{r,s,t}$ よりも基本的なものであるだけでなく，いくつかの興味深い特徴をもつ．たとえば，箱の大きさを無限大にする極限 $r, s, t \to \infty$ では，$N_{r,s,t}$ はもちろん発散するが，$N_{r,s,t}(q)$ は**無限乗積表示**をもつ函数に収束する．また，第1章で説明したように，$N_{r,s,t}$ はLGV公式によって2項係数の行列式として表せるわけだが，$N_{r,s,t}(q)$ は同様の意味で**2項係数の q 変形**の行列式として表せる．マクマホンの公式にはこのほかにもさまざまな背景や発展がある(ブレスードの本[1]を参照されたい)．

1　箱入り平面分割の個数公式

　$N_{r,s,t}$ は xyz 空間の $r \times s \times t$ の直方体 $B(r,s,t)$ に含まれる3次元ヤング図形(平面分割 π と同一視している)の個数

$$N_{r,s,t} = |\{\pi \,|\, \pi \subseteqq B(r,s,t)\}|$$

であり，第3章で説明したように，$r+s$ 変数のシューア函数の特殊値として

$$N_{r,s,t} = s_{(t^r)}(\underbrace{1, \cdots, 1}_{r+s})$$

と表せる．ここで (t^r) は t を r 個並べた分割

$$(t^r) = (\underbrace{t, \cdots, t}_{r})$$

である（対応するヤング図形は $r \times t$ の長方形になる）．他方，前章で紹介した「次元公式」によれば，一般に分割 $\lambda = (\lambda_1, \cdots, \lambda_n)$ に対するこの特殊値（一般線形群の既約表現の表現空間の次元と解釈される）は

$$s_\lambda(\underbrace{1, \cdots, 1}_{n}) = \prod_{1 \leq i < j \leq n} \frac{(\lambda_i + n - i) - (\lambda_j + n - j)}{(n - i) - (n - j)}$$

と表せる．この公式を

$$\lambda = (t^r) = (\underbrace{t, \cdots, t}_{r}, \underbrace{0, \cdots, 0}_{s})$$

に適用すれば，$1 \leq i < j \leq r$ と $r < i < j \leq r+s$ の範囲の項は 1 に等しいので，$1 \leq i \leq r < j \leq r+s$ の範囲の項のみ残って，

$$s_{(t^r)}(\underbrace{1, \cdots, 1}_{r+s}) = \prod_{i=1}^{r} \prod_{j=r+1}^{r+s} \frac{t + j - i}{j - i}$$

という表示式が得られる．ここで $i \to r+1-i$，$j \to r+j$ という置き換えを行えば

$$s_{(t^r)}(\underbrace{1, \cdots, 1}_{r+s}) = \prod_{i=1}^{r} \prod_{j=1}^{s} \frac{i + j + t - 1}{i + j - 1}$$

となって，$N_{r,s,t}$ に対する 2 重積表示

$$N_{r,s,t} = \prod_{i=1}^{r} \prod_{j=1}^{s} \frac{i + j + t - 1}{i + j - 1} \tag{1}$$

が得られる．これを第 1 章で紹介した 3 重積の形にするには

$$\frac{i + j + t - 1}{i + j - 1} = \prod_{k=1}^{t} \frac{i + j + k - 1}{i + j + k - 2}$$

という等式を用いて書き直せばよい．こうして 3 重積表示

$$N_{r,s,t} = \prod_{i=1}^{r} \prod_{j=1}^{s} \prod_{k=1}^{t} \frac{i + j + k - 1}{i + j + k - 2} \tag{2}$$

が得られる．

2 個数公式の q 変形

上で用いた次元公式は，もともとワイルの指標公式の主特殊化

$$s_\lambda(q^{n-1}, q^{n-2}, \cdots, 1) = \prod_{1 \leq i < j \leq n} \frac{q^{\lambda_i + n - i} - q^{\lambda_j + n - j}}{q^{n-i} - q^{n-j}}$$

から $q \to 1$ の極限として得られるものである．$\lambda = (t^r)$，$n = r + s$ の場合には，前節と同様の計算を繰り返すことによって，$q \to 1$ の極限をとる前の特殊値を

$$
\begin{aligned}
s_{(t^r)}(q^{r+s-1}, q^{r+s-2}, \cdots, 1) &= q^{r(r-1)t/2} \prod_{i=1}^{r} \prod_{j=r+1}^{r+s} \frac{1 - q^{t+j-i}}{1 - q^{j-i}} \\
&= q^{r(r-1)t/2} \prod_{i=1}^{r} \prod_{j=1}^{s} \frac{1 - q^{i+j+t-1}}{1 - q^{i+j-1}} \\
&= q^{r(r-1)t/2} \prod_{i=1}^{r} \prod_{j=1}^{s} \prod_{k=1}^{t} \frac{1 - q^{i+j+k-1}}{1 - q^{i+j+k-2}} \quad (3)
\end{aligned}
$$

と書き直すことができる．これから q 数え上げの母函数

$$N_{r,s,t}(q) = \sum_{\pi \subseteq B(r,s,t)} q^{|\pi|} \quad (4)$$

に対して(1)や(2)に相当する表示が得られることを説明しよう．

第3章で説明したように，主特殊化を行う前のシューア函数を

$$s_{(t^r)}(\boldsymbol{x}) = \sum_{T \in \mathcal{T}((t^r), \{1, \cdots, r+s\})} \boldsymbol{x}^T \quad (5)$$

というようにヤング盤表示するとき，半標準盤 $T = (t_{ik})$[1] は平面分割 $\pi \cong B(r, s, t)$ と1対1に対応する．第3章ではデブライン経路に基づいてこの対応を説明したが，ここでは経路を使わずに以下にように考える．この対応ではヤング図形 (t^r) を xz 平面上の長方形 $[0, r] \times [0, t]$ と同一視する．このときヤング図形の i 行 k 列 $(i = 1, \cdots, r, \ k = 1, \cdots, t)$ の箱は正方形 $[r-i, r-i+1] \times [t-k, t-k+1]$ に対応する．π の表す3次元ヤング図形 D からこの正方形を底面として y 軸に平行な四角柱を切り出せば

$$D_{ik} = [r-i, r-i+1] \times [0, t_{ik}-i] \times [t-k, t-k+1] \quad (6)$$

という直方体になり，3次元ヤング図形はその合併として

$$D = \bigcup_{i=1}^{r} \bigcup_{k=1}^{t} D_{ik}$$

と表せることになる(図1, 次ページ)．要するに，平面分割 $\pi = (\pi_{ij})$ は xy 平面から見た3次元ヤング図形の四角柱の高さの配列であるが，同じ3次元ヤング図形を xz 平面から見たときの四角柱の高さの配列

---

1)　添え字の使い方を(1), (2), (3)に合わせるならば，半標準盤の行と列の添え字はそれぞれ i と k にするのがふさわしい．

図1 3次元ヤング図形(上)に対する半標準盤
$T = (t_{ik})$(左下)と xz 平面上の平面分割
$\tau = (t_{ik}-i)$(右下)

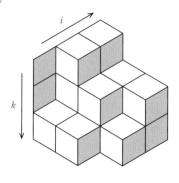

1	1	3
3	4	5
4	6	6

0	0	2
1	2	3
1	2	3

$\tau = (\tau_{ik})$ もやはり平面分割であり，半標準盤 T の内容 t_{ik} を用いれば $\tau = (t_{ik}-i)$ と表せるわけである.

　主特殊化では(5)に $\boldsymbol{x} = (q^{r+s-1}, q^{r+s-2}, \cdots, 1)$ を代入するわけだが，上のような半標準盤の幾何学的解釈に鑑みれば $\boldsymbol{x} = (q, q^2, \cdots, q^{r+s})$ に特殊化する方が都合がよい．一般にシューア函数は変数の置換によって不変であり，さらに変数のスカラー倍に関して

$$s_\lambda(cx_1, \cdots, cx_n) = c^{|\lambda|}s_\lambda(x_1, \cdots, x_n)$$

という等式が成立するという性質(**斉次性**)をもつので，2つの特殊化は

$$s_{(t^r)}(q, q^2, \cdots, q^{r+s}) = q^{rt}s_{(t^r)}(q^{r+s-1}, q^{r+s-2}, \cdots, 1) \tag{7}$$

という関係にあり，一方から他方へ簡単に乗り移ることができる.

　$\boldsymbol{x} = (q, q^2, \cdots, q^{r+s})$ への特殊化によって，ヤング盤表示(5)の重み $\boldsymbol{x}^T$ は

$$\boldsymbol{x}^T = \prod_{i=1}^{r} \prod_{k=1}^{t} x_{t_{ik}} = \prod_{i=1}^{r} \prod_{k=1}^{t} q^{t_{ik}}$$

に帰着する．上に述べたように，3次元ヤング図形 D は(6)の直方体 D_{ik} に分割されるので，その総体積 $|\pi|$ は

$$|\pi| = \sum_{i=1}^{r} \sum_{k=1}^{t} (t_{ik}-i) = \sum_{i=1}^{r} \sum_{k=1}^{t} t_{ik} - \frac{r(r+1)t}{2}$$

と表せる．これから
$$\sum_{i=1}^{r} \sum_{k=1}^{t} t_{ik} = |\pi| + \frac{r(r+1)t}{2}$$
したがって
$$\boldsymbol{x}^T = q^{|\pi|+r(r+1)t/2}$$
ということがわかる．これを(5)に代入して共通因子 $q^{r(r+1)t/2}$ をくくり出せば，$N_{r,s,t}(q)$ との関係を示す等式
$$s_{(t^r)}(q, q^2, \cdots, q^{r+s}) = q^{r(r+1)t/2} N_{r,s,t}(q) \tag{8}$$
が得られる．

　この関係を(7)によって主特殊化に翻訳すれば
$$s_{(t^r)}(q^{r+s-1}, q^{r+s-2}, \cdots, 1) = q^{r(r-1)t/2} N_{r,s,t}(q)$$
という等式になる．この等式の左辺を(3)のように計算すれば，$N_{r,s,t}(q)$ に対して2重積表示
$$N_{r,s,t}(q) = \prod_{i=1}^{r} \prod_{j=1}^{s} \frac{1-q^{i+j+t-1}}{1-q^{i+j-1}} \tag{9}$$
と3重積表示
$$N_{r,s,t}(q) = \prod_{i=1}^{r} \prod_{j=1}^{s} \prod_{k=1}^{t} \frac{1-q^{i+j+k-1}}{1-q^{i+j+k-2}} \tag{10}$$
が得られる．$q \to 1$ の極限においてこれらは(1)と(2)に帰着する．

3　マクマホン函数

　$N_{r,s,t}(q)$ の定義(4)における $\pi \subseteqq B(r,s,t)$ の制限をはずして，すべての平面分割にわたる総和に置き換えたもの
$$N_{\infty,\infty,\infty}(q) = \sum_{\pi} q^{|\pi|}$$
は q の形式的べき級数として意味がある．実際，$|\pi| = n$ という条件を満たす平面分割 π の総数(**平面分割数**)を $P(n)$ と表せば，$N_{\infty,\infty,\infty}(q)$ は
$$N_{\infty,\infty,\infty}(q) = \sum_{n=0}^{\infty} P(n) q^n$$
と表せて，$P(n)$ $(n = 0, 1, \cdots)$ の母函数とみなせる．

　q が $|q| < 1$ の範囲にあれば，$N_{\infty,\infty,\infty}(q)$ は解析的にも意味をもつ．このことを説明するために，(9)を

$$N_{r,s,t}(q) = \frac{\prod\limits_{i=1}^{r} \prod\limits_{j=1}^{s} (1-q^{i+j+t-1})}{\prod\limits_{i=1}^{r} \prod\limits_{j=1}^{s} (1-q^{i+j-1})}$$

と書き直し，分子と分母を別々に扱うことにしよう．

このやり方ではtを固定して先に$r, s \to \infty$の極限を考えることができる．実際，$r, s \to \infty$とすれば，上の式の分子と分母はそれぞれ

$$\prod\limits_{i=1}^{r} \prod\limits_{j=1}^{s} (1-q^{i+j+t-1}) \to \prod\limits_{i,j=1}^{\infty} (1-q^{i+j+t-1}),$$

$$\prod\limits_{i=1}^{r} \prod\limits_{j=1}^{s} (1-q^{i+j-1}) \to \prod\limits_{i,j=1}^{\infty} (1-q^{i+j-1})$$

となる．さらに，これらの2重積を$n = i+j-1$に関する1重積に書き換えれば，nに対応するi, jが$(1, n), (2, n-1), \cdots, (n, 1)$の$n$組あるので，1重積では$1-q^{n+t}$と$1-q^n$が$n$乗の形で現れて

$$\prod\limits_{i,j=1}^{\infty} (1-q^{i+j+t-1}) = \prod\limits_{n=1}^{\infty} (1-q^{n+t})^n,$$

$$\prod\limits_{i,j=1}^{\infty} (1-q^{i+j-1}) = \prod\limits_{n=1}^{\infty} (1-q^n)^n$$

となる．これらの無限乗積は$|q| < 1$において収束するが[2)]，その逆数

$$M(x,q) = \prod\limits_{n=1}^{\infty} (1-xq^n)^{-n},$$

$$M(q) = \prod\limits_{n=1}^{\infty} (1-q^n)^{-n}$$

（q^tをxに置き換えた）は**マクマホン函数**と呼ばれて，最近の数理物理学においても注目を集めている．

こうして$r, s \to \infty$における$N_{r,s,t}(q)$の極限$N_{\infty,\infty,t}(q)$がマクマホン函数を用いて

$$N_{\infty,\infty,t}(q) = \frac{M(q)}{M(q^t, q)} \tag{11}$$

と表せることがわかる．数え上げの観点から見れば，$N_{\infty,\infty,t}(q)$は

$$N_{\infty,\infty,t}(q) = \sum\limits_{\pi \subseteq B(\infty,\infty,t)} q^{|\pi|}$$

と定義され，z方向の厚さをt以下に制限した3次元ヤング図形のq数え上げの母函数と解釈される．

最後に(11)において$t \to \infty$とする．このとき$M(q^t, q) \to M(0, q)$ $= 1$となるから，(11)の分母が消えて，$N_{\infty,\infty,\infty}(q)$はマクマホン函数$M(q)$そのものになる．特に$N_{\infty,\infty,\infty}(q)$の無限乗積表示

$$N_{\infty,\infty,\infty}(q) = M(q) = \prod_{n=1}^{\infty}(1-q^n)^{-n} \tag{12}$$

が得られる.

　ちなみに, オイラー(L. Euler)が見出したように, 通常の分割(2次元ヤング図形)の q 数え上げの母函数, すなわち**分割数** $p(n)$ ($|\lambda|=n$ という条件をみたす分割 λ の総数)の母函数

$$\sum_{\lambda} q^{|\lambda|} = \sum_{n=0}^{\infty} p(n)q^n$$

も

$$\sum_{\lambda} q^{|\lambda|} = \prod_{n=1}^{\infty}(1-q^n)^{-1} \tag{13}$$

という無限乗積表示をもつ. 実際, $(1-q^n)^{-1}$ を幾何級数 $1+q^n+q^{2n}+\cdots$ とみなして右辺を展開すれば, $q^{|\lambda|}$ の形に表せる項が λ に関してちょうど1回ずつ現れることがわかり, 左辺の級数が得られる. (12)は見かけ上はこの無限乗積表示とよく似ていて, 唯一の違いは $1-q^n$ のべき指数($-n$ と -1)だけである. しかしながら, (12)の背後にはLGV公式による線形代数的構造が隠れていて, そのような背景をもたない(13)とは成立の根拠がまったく異なる.

4 ▇▇▇ 2項係数の q 変形との関係

　2項係数の q 変形との関係を説明するために, $s_{(t^r)}(q,\cdots,q^{r+s})$ をヤコビ-トゥルーディ公式によって

$$s_{(t^r)}(q,\cdots,q^{r+s}) = \det(e_{r-i+j}(q,\cdots,q^{r+s}))_{i,j=1}^{t}$$

と表す. ここで $e_m(x_1,\cdots,x_{r+s})$ は m 次の基本対称式である. これから(8)によって $N_{r,s,t}(q)$ の表示式

$$N_{r,s,t}(q) = q^{-r(r+1)t/2}\det(e_{r-i+j}(q,\cdots,q^{r+s}))_{i,j=1}^{t} \tag{14}$$

が得られる. ここに現れた基本対称式の特殊値について考えてみよう.

　記号を簡単にするため, しばらく $r+s$ を n に置き換えて話を進める. 基本対称式の定義に戻れば, $e_m(q,\cdots,q^n)$ は

$$1 \leqq l_m < l_{m-1} < \cdots < l_1 \leqq n$$

という条件を満たす正整数の組 $l_1,\cdots,l_m$ に関する総和として

---

2) 無限乗積は複素解析学でガンマ函数や楕円函数などを扱う際に重要な役割を果たす. そこで学ぶように, 一般に, 無限級数 $\sum_{n=1}^{\infty} a_n$ が絶対収束すれば, 無限乗積 $\prod_{n=1}^{\infty}(1+a_n)$ も収束する.

$$e_m(q, \cdots, q^n) = \sum_{1 \leqq l_m < l_{m-1} < \cdots < l_1 \leqq n} \prod_{i=1}^{n} q^{l_i}$$

と表せる. ここで $\lambda_1, \cdots, \lambda_m$ を

$$\lambda_i = l_i - m + i - 1 \qquad (i = 1, \cdots, m)$$

と定義すれば

$$0 \leqq \lambda_m \leqq \lambda_{m-1} \leqq \cdots \leqq \lambda_1 \leqq n - m$$

という不等式が成立するので, $\lambda = (\lambda_1, \cdots, \lambda_m)$ は

$$\lambda \subseteqq ((n-m)^m)$$

という条件を満たす長さ m 以下の分割であり, 逆にそのような分割は上のような正整数の組 $l_1, \cdots, l_m$ を定める[3]. こうして $e_m(q, \cdots, q^n)$ は分割 λ に関する総和に書き直せる. 各項は $|\lambda| = \sum_{i=1}^{m} \lambda_i$ を用いて

$$\prod_{i=1}^{n} q^{l_i} = q^{m(m+1)/2 + |\lambda|}$$

と表せるので, 共通因子 $q^{m(m+1)/2}$ をくくり出せば

$$e_m(q, \cdots, q^n) = q^{m(m+1)/2} \sum_{\lambda \subseteqq ((n-m)^m)} q^{|\lambda|} \tag{15}$$

となる.

この最後の総和が2項係数 $\begin{pmatrix} n \\ m \end{pmatrix}$ の q 変形(**q2項係数**) $\begin{pmatrix} n \\ m \end{pmatrix}_q$ なのである. すなわち $\begin{pmatrix} n \\ m \end{pmatrix}_q$ は

$$\begin{pmatrix} n \\ m \end{pmatrix}_q = \sum_{\lambda \subseteqq ((n-m)^m)} q^{|\lambda|} \tag{16}$$

と定義され, それを用いて(15)は

$$e_m(q, \cdots, q^n) = q^{m(m+1)/2} \begin{pmatrix} n \\ m \end{pmatrix}_q \tag{17}$$

と表せる. (15)において $q \to 1$ とすれば左辺は $\begin{pmatrix} n \\ m \end{pmatrix}$ に収束するから, $\begin{pmatrix} n \\ m \end{pmatrix}_q$ が $q \to 1$ において通常の2項係数に戻ること

$$\lim_{q \to 1} \begin{pmatrix} n \\ m \end{pmatrix}_q = \begin{pmatrix} n \\ m \end{pmatrix}$$

がただちにわかる. さらに $\begin{pmatrix} n \\ m \end{pmatrix}_q$ は通常の2項係数のもつ性質を(場合によっては変形された形で)引き継いでいる. たとえば, $\lambda \subseteqq ((n-m)^m)$ ならば ${}^t\lambda \subseteqq (m^{n-m})$ であり, 逆も言えるので, 2項係数の対称性に相当する等式

$$\begin{pmatrix} n \\ m \end{pmatrix}_q = \begin{pmatrix} n \\ n-m \end{pmatrix}_q$$

が成立する．さらに，基本対称式の母函数表示

$$\sum_{m=0}^{n} e_m(x_1, \cdots, x_n) z^m = \prod_{i=1}^{n} (1 + x_i z)$$

を特殊化した等式

$$\sum_{m=0}^{n} e_m(q, \cdots, q^n) z^m = \prod_{i=1}^{n} (1 + q^i z)$$

から $\begin{pmatrix} n \\ m \end{pmatrix}_q$ に対して

$$\sum_{m=0}^{n} q^{m(m+1)/2} \begin{pmatrix} n \\ m \end{pmatrix}_q z^m = \prod_{i=1}^{n} (1 + q^i z) \tag{18}$$

という等式が得られるが，これは 2 項定理の q 変形（**q2 項定理**）として知られている．この等式からの帰結として漸化式

$$\begin{pmatrix} n \\ m \end{pmatrix}_q = \begin{pmatrix} n-1 \\ m-1 \end{pmatrix}_q + q^m \begin{pmatrix} n-1 \\ m \end{pmatrix}_q$$

が得られる．これと境界条件

$$\begin{pmatrix} n \\ 0 \end{pmatrix}_q = \begin{pmatrix} n \\ n \end{pmatrix}_q = 1$$

によって $\begin{pmatrix} n \\ m \end{pmatrix}_q$ が n, m の小さい方から順次求められることは，通常の 2 項係数に対するパスカルの三角形の仕組とまったく同様である．

以上のことに注意しつつ，(17) の関係式を用いて (14) を q2 項係数で書き直そう．行列式中の行列の (i, j) 成分は

$$e_{r-i+j}(q, \cdots, q^{r+s}) = q^{r(r+1)/2 - r(i-j) + i(i-j)} \begin{pmatrix} r+s \\ r-i+j \end{pmatrix}_q$$

と表せるが，q2 項係数の前の因子のうち $q^{r(r+1)/2}$ と $q^{-r(i-j)} = q^{-ri} q^{rj}$ は行列式の行と列に関する多重線形性によって行列式の外に出せる．前者からは行列式に対して $q^{r(r+1)t/2}$ という乗数が生じるが，それは (14) の右辺の最初の因子をちょうど打ち消す．後者では q^{-ri} の寄与と q^{rj} の寄与が互いに打ち消しあう．こうして $N_{r,s,t}(q)$ が

$$N_{r,s,t}(q) = \det \left(q^{i(i-j)} \begin{pmatrix} r+s \\ r-i+j \end{pmatrix}_q \right)_{i,j=1}^{t} \tag{19}$$

と表せることがわかる．ちなみに，ブレスードの本 [1] はこの公式に対して LGV 公式の証明にならった直接的証明を概略のみ紹介してい

---

3) これはヤング図形とマヤ図形の対応にほかならないが，$l_1, \cdots,$ l_m がいずれも 1 だけずれているので注意されたい．

るが，その細部を埋めることはかなり煩雑な作業になる．

　本章ではマクマホンの公式として知られるいくつかの数え上げ公式
を紹介した．前章で紹介したワイルの指標公式を用いてシューア函数
の特殊値を計算することで，箱入り平面分割の単純な数え上げの公式
(1), (2)とq数え上げの公式(9), (10)が導出された．さらに箱の大き
さを無限大にした極限においてマクマホン函数によるq数え上げ母函
数の表示公式(11), (12)が得られた．これらと関連して，箱入り平面
分割のq数え上げ母函数と2項係数のq変形との関係(19)を説明した．

参考文献

[1] D. M. Bressoud, *"Proofs and Confirmations*: *The Story of the Alternating Sign Matrix Conjecture"* (Cambridge University Press, 1999).

第8章

平面分割の対角断面

　前章までは，おもにデブライン経路の観点から平面分割の数え上げ問題を考えてきた．これとは少し異なる見方として，本章では**対角断面**という観点を紹介する．対角断面もデブライン経路と同様に3次元ヤング図形の幾何学的形状を特徴づけるものであるが，この10年ほどの間に非常に注目されるようになった．そのきっかけとなったのは，オクニコフ(A. Okounkov)とレシェティヒン(N. Reshetikhin)が行った**シューア(Schur)過程**と呼ばれる確率過程の研究[1]である．この確率過程は3次元ヤング図形の対角断面を用いて定式化されている．このアイディアが後に，物理学者のヴァファ(C. Vafa)との共同研究において，**位相的弦理論**に応用された[2]．このような事情から，弦理論の分野では平面分割の問題に対してもっぱら対角断面の方法が用いられている[1]．ただし，オクニコフらの研究[1,2]は3次元ヤング図形の大きさに制限を設けない場合を扱っている．以下では，箱入り平面分割を対角断面の観点から扱う．この場合にも，箱の辺の長さ r, s, t が2方向で等しい(たとえば $r = s$)ならば，対角断面の方法が機能する．

1 対角断面

　以下では $B(r, r, t)$ の箱に入っている平面分割(3次元ヤング図形) $\pi =$

---

1) 第4章と第5章の主要参考文献の筆者であるジンジュスタンは平面分割の研究ではデブライン経路の方法を用いているが，ジンジュスタンの専門分野は統計物理学である．

$(\pi_{ij})^r_{i,j=1}$ を考える。このとき π の対角部分 $\lambda = (\pi_{ii})^r_{i=1}$ は分割（ヤング図形）を定める。これが狭義の「対角断面」である。さらに、これを $\pi(0)$ という記号で表して**主対角断面**と呼び、対角線から m ($m = -r,$ $-r+1, \cdots, r$) だけずれた線上の π の成分を並べたもの

$$\pi(m) = \begin{cases} (\pi_{i,i+m})^{r-m}_{i=1} & (m > 0) \\ (\pi_{j-m,j})^{r+m}_{j=1} & (m < 0) \end{cases}$$

を m **番目の対角断面**と呼ぶことにする。たとえば、図 1 に示した $r = s = t = 3$ の 3 次元ヤング図形を表す平面分割

$$\pi = \begin{pmatrix} 3 & 2 & 2 \\ 3 & 2 & 1 \\ 1 & 1 & 0 \end{pmatrix} \tag{1}$$

の場合には

$$\begin{aligned}
&\pi(-3) = \emptyset, \\
&\pi(-2) = (1), \\
&\pi(-1) = (3, 1), \\
&\pi(0) = (3, 2), \\
&\pi(1) = (2, 1), \\
&\pi(2) = (2), \\
&\pi(3) = \emptyset
\end{aligned} \tag{2}$$

となる。幾何学的には、$\pi(m)$ の表すヤング図形は 3 次元ヤング図形を

図 1 3 次元ヤング図形とその対角断面
　　（イギリス式ヤング図形として描いている）

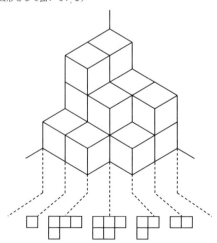

$y-x=m$ という平面で切るときに現れる断面にほかならない(図1下段).

　こうして決まる対角断面列の左半分 $\{\pi(m)\}_{m=-r}^{0}$ は $\pi(-r)=\emptyset$ から主対角断面 $\pi(0)$ に至るヤング図形の成長列であり, 右半分 $\{\pi(m)\}_{m=0}^{r}$ も逆順に見れば同様である. さらに, あとで説明する半標準盤との関係から, 隣接する対角断面同士が

$$\cdots < \pi(-2) < \pi(-1) < \pi(0) > \pi(1) > \pi(2) > \cdots$$

という関係にあることもわかる. ここで第5章で導入した「交錯関係」の記号 $>$ を用いた.

　念のために復習しておこう. 一般に, 2つの分割 $\lambda=(\lambda_1,\lambda_2,\cdots)$, $\mu=(\mu_1,\mu_2,\cdots)$ の間に

$$\lambda_1 \geqq \mu_1 \geqq \lambda_2 \geqq \mu_2 \geqq \cdots$$

という不等式が成立することを $\lambda > \mu$ と表して, 交錯関係と呼ぶのだった. 幾何学的に言い換えれば, この条件は歪ヤング図形 λ/μ の各行が上下の行と辺を共有しない(言い換えれば, λ/μ において2個の正方形が上下に隣接して並ぶことはない)ということを意味する.

2　対角断面と半標準盤の関係

　第5章で注意したように, 一般にヤング図形 λ に対して1以上 N 以下の整数を書き込んだ半標準盤は $\emptyset$ から λ に至るヤング図形の成長列 $\{\lambda^{(k)}\}_{k=0}^{N}$ で交錯関係 $\lambda^{(k)} < \lambda^{(k+1)}$ を満たすものと1対1に対応する. 以下では $\{\pi(m)\}_{m=-r}^{0}$ と $\{\pi(m)\}_{m=0}^{r}$ にもある半標準盤 L, R が同じ意味で対応していることを説明する.

図2 半標準盤 $T=(t_{ij})$ の幾何学的意味

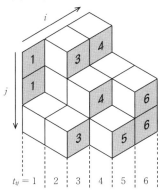

$\{\pi(m)\}_{m=0}^{r}$ に対応する半標準盤は第3章以来おなじみの (t') 型の半標準盤 $T = (t_{ij})$ の一部として得られる。T は3次元ヤング図形の第1象限に面した境界のうちで xz 平面に平行な面(図2で陰影を施した部分)と関係している。T の (i,j) 成分はこの面の中で xz 座標が $r-i \leqq x \leqq r+1-i,\ t-j \leqq z \leqq t+1-j$ の部分(正方形をなす)に対応していて、図2の下段の整数 $t_{ij} \in \{1, 2, \cdots, 2r\}$ がそこに書き込まれている。(1)に対する T は

$$T = \begin{pmatrix} 1 & 1 & 3 \\ 3 & 4 & 5 \\ 4 & 6 & 6 \end{pmatrix}$$

となる。

実際には、T を180度回転したヤング盤 $\widehat{T}$ の方が $\{\pi(m)\}_{m=0}^{r}$ との関係を考えるのに都合がよい。(1)に対する $\widehat{T}$ は

$$\widehat{T} = \begin{pmatrix} 6 & 6 & 4 \\ 5 & 4 & 3 \\ 3 & 1 & 1 \end{pmatrix}$$

となる。ここから $4+m\ (m=0,1,2,3)$ 以上の整数が並ぶ部分($\widehat{T}_{\geqq 4+m}$ という記号で表そう)を切り出せば

$$\widehat{T}_{\geqq 4} = \begin{pmatrix} 6 & 6 & 4 \\ 5 & 4 & \end{pmatrix}, \qquad \widehat{T}_{\geqq 5} = \begin{pmatrix} 6 & 6 \\ 5 & \end{pmatrix},$$

$$\widehat{T}_{\geqq 6} = (6 \quad 6), \qquad \widehat{T}_{\geqq 7} = (\quad)$$

となる。これらの形は $\pi(0), \pi(1), \pi(2), \pi(3)$ に一致しているので、逆に並べて成長列とみなせば、前述の意味で

$$R = \begin{pmatrix} 6 & 6 & 4 \\ 5 & 4 & \end{pmatrix}$$

という半標準盤を表現していることになる。通常の半標準盤と違って、並んだ整数の増減が逆になっているが、これは本質的な問題ではない[2]。

一般の r, t の場合も同様であり、$\{\pi(m)\}_{m=0}^{r}$ には

$$R = \widehat{T}_{\geqq r+1} \tag{3}$$

という(通常の半標準盤とは増減が逆の)半標準盤が対応する。R の行方向の単調減少性と列方向の狭義単調減少性から交錯条件 $\pi(m) > \pi(m+1)$ が成立することもわかる。

T は3次元ヤング図形を「右から眺める」ときに見える面(図2の陰影部分)をコード化したものだが、$\{\pi(m)\}_{m=-r}^{0}$ を解釈するには、同じ3

次元ヤング図形を「左から眺める」ときに見える面（図 3 の陰影部分）を
コード化した半標準盤 $S = (s_{ij})$ を考える．ただし，陰影部分と半標
準盤の対応付けは T の場合とは違っている（図 3 で i, j の増加する方向が
図 2 とは逆になっていることに注意されたい）．このコード化に従って(1)に
対する S を求めれば

$$S = \begin{pmatrix} 1 & 2 & 2 \\ 2 & 3 & 5 \\ 4 & 5 & 6 \end{pmatrix}$$

となる[3]．

図 3 　半標準盤 $S = (s_{ij})$ の幾何学的意味

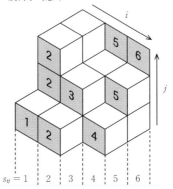

$\{\pi(m)\}_{m=-r}^{0}$ に対応するのは S から r 以下の整数が並ぶ部分を切り
出した半標準盤

$$L = S_{\leq r} \tag{4}$$

---

2) 　たとえば，変数を逆順に並べたシューア函数 $s_\lambda(x_n, x_{n-1}, \cdots, x_1)$
（対称性があるから，どの順序に並べても函数としては同じものである）の
ヤング盤表示を文字通りに考えれば，このように行と列の方向に減
少する半標準盤が現れる．

3) 　図 1 から T, S を読み取る作業をやってみれば，S の方が読み取
りやすいことがわかる．S の成分の並び方が 3 次元ヤング図形をす
なおに正面から見た様子に対応しているからである．T の場合は
そうではない．その意味では当初から S を採用する選択肢もあっ
たのだが，第 1 章のデブライン経路の説明（経路の番号を上から順に
$1, 2, \cdots, t$ としている）に話を合わせるため，第 3 章では T を採用せざ
るを得なくなった．

である．(1)の場合にはこれは

$$L = \begin{pmatrix} 1 & 2 & 2 \\ 2 & 3 & \end{pmatrix}$$

となる．そこから $S_{\leq m}$ を切り出せば

$$S_{\leq 0} = (\quad), \qquad S_{\leq 1} = (1),$$

$$S_{\leq 2} = \begin{pmatrix} 1 & 2 & 2 \\ 2 & & \end{pmatrix}, \qquad S_{\leq 3} = \begin{pmatrix} 1 & 2 & 2 \\ 2 & 3 & \end{pmatrix}$$

が得られて，その形は $\pi(-3), \pi(-2), \pi(-1), \pi(0)$ に一致している．L の行方向の単調増加性と列方向の狭義単調増加性から交錯関係 $\pi(m) \prec \pi(m+1)$ が従うことは，一般の r, t の場合も同様である．

　以上のように，平面分割 π が与えられれば，対角断面列 $\{\pi(m)\}_{m=-r}^{r}$ を介して主対角断面 $\lambda = \pi(0)$ の上に2つの半標準盤 L, R が決まる．この過程は逆にたどることもできる．すなわち，任意の分割 $\lambda \leqq (t^r)$ と1以上 r 以下の整数を書き込んだ λ 型の半標準盤 L，ならびに $r+1$ 以上 $2r$ 以下の整数を書き込んだ（増減が逆の意味での）λ 型の半標準盤 R が与えられれば，L, R からヤング図形の成長・収縮列 $\{\pi(m)\}_{m=-r}^{r}$ を読み出して各対角線 $y - x = m$ の上に配置することによって平面分割 π が決まる．

　こうして，平面分割の数え上げ問題には，前章まで用いてきた半標準盤 T（あるいはそれと同等な半標準盤 S）へのコード化以外に，(λ, L, R) という3つ組へのコード化を用いる方法も可能であることがわかる．次節ではこのコード化に基づく数え上げ母函数を考察する．

3　3つ組の数え上げ母函数

　$2r$ 個の変数 $x_1, x_2, \cdots, x_{2r}$ を用意する．それらをまとめて $\boldsymbol{x} = (x_1, \cdots, x_{2r})$ と表そう．以下ではそれをさらに $\boldsymbol{y} = (x_1, \cdots, x_r)$，$\boldsymbol{z} = (x_{r+1}, \cdots, x_{2r})$ に分けて，3つ組 (λ, L, R) の数え上げ母函数

$$\widetilde{N}_{r,r,t}(\boldsymbol{y}, \boldsymbol{z}) = \sum_{(\lambda, L, R)} \boldsymbol{y}^L \boldsymbol{z}^R$$

を考える[4]．ここで $\boldsymbol{y}^L, \boldsymbol{z}^R$ は $L = (l_{ij})_{(i,j) \in \lambda}$，$R = (r_{ij})_{(i,j) \in \lambda}$ に対して

$$\boldsymbol{y}^L = \prod_{(i,j) \in \lambda} x_{l_{ij}}, \qquad \boldsymbol{z}^R = \prod_{(i,j) \in \lambda} x_{r_{ij}}$$

と定義される単項式である．第3章や第4章で説明したシューア函数

のヤング盤表示によれば，これらの単項式を L, R について総和したものはシューア函数 $s_\lambda(\boldsymbol{y}), s_\lambda(\boldsymbol{z})$ にほかならない．したがって，L, R に関する総和を先に実行すれば，$\widetilde{N}_{r,r,t}(\boldsymbol{y}, \boldsymbol{z})$ を

$$\widetilde{N}_{r,r,t}(\boldsymbol{y}, \boldsymbol{z}) = \sum_{\lambda \subseteq (t^r)} s_\lambda(\boldsymbol{y}) s_\lambda(\boldsymbol{z}) \tag{5}$$

と書き直せる．

　この母函数は前章までの話に登場した数え上げ数や数え上げ母函数と無関係ではない．変数を特殊化すれば，それらの一部が現れる．

　たとえば，(λ, L, R) は π と 1 対 1 に対応するので，$\boldsymbol{y} = \boldsymbol{z} = (1, \cdots, 1)$ に特殊化すれば

$$\widetilde{N}_{r,r,t}(1, \cdots, 1, 1, \cdots, 1) = N_{r,r,t} \tag{6}$$

すなわち，$B(r, r, t)$ 内の平面分割の個数 $N_{r,r,t}$ そのものになる．$N_{r,r,t}$ は $s_{(t^r)}(\boldsymbol{y}, \boldsymbol{z})$ の $\boldsymbol{y} = \boldsymbol{z} = (1, \cdots, 1)$ における値でもあるから，(5) によって

$$s_{(t^r)}(\underbrace{1, \cdots, 1}_{2r}) = \sum_{\lambda \subseteq (t^r)} s_\lambda(\underbrace{1, \cdots, 1}_{r})^2 \tag{7}$$

という等式が成立することがわかる．

　この特殊化の変形として，変数 q による主特殊化を乗数 $q^{1/2}$ で修正したもの

$$\boldsymbol{y} = (q^{r-1/2}, q^{r-3/2}, \cdots, q^{1/2}), \qquad \boldsymbol{z} = (q^{1/2}, q^{3/2}, \cdots, q^{r-1/2})$$

を考えてみよう．$\boldsymbol{y}^L, \boldsymbol{z}^R$ は

$$\boldsymbol{y}^L = \prod_{(i,j) \in \lambda} q^{r-l_{ij}+1/2}, \qquad \boldsymbol{z}^R = \prod_{(i,j) \in \lambda} q^{r_{ij}-r-1/2}$$

と表せる．ここで図 2 と図 3 に戻り，$(i, j) \in \lambda$ に対応する面（陰影部分）を底面として，そこから垂直に平面 $x = y$ をちょうど通り抜けるまで伸びる四角柱を考える（図 4, 次ページ）．これらの四角柱は断面が単位正方形で，長さがそれぞれ $r - l_{ij} + 1$, $r_{ij} - r$ の直方体である．そこから平面 $x = y$ の反対側に伸びた部分（体積 $\frac{1}{2}$ の三角柱）を除去して得られる図形の体積はそれぞれ $r - l_{ij} + \frac{1}{2}$, $r_{ij} - r - \frac{1}{2}$ になる．上の $\boldsymbol{y}^L, \boldsymbol{z}^R$ の表示式には q のべき乗の指数として，まさしくこれらの体積が現れている．これらの体積を (i, j) について総和すれば，3 次元ヤング図形を平面 $x = y$ で切り分けたものの左側と右側の体積になる．$\boldsymbol{y}^L, \boldsymbol{z}^R$ は

4）　第 3 章で用いた記法 $N_{r,s,t}(\boldsymbol{x}) = s_{(t^r)}(\boldsymbol{x})$ と記号上区別するため，N の代わりに $\widetilde{N}$ を用いることにする．

図 4 L, R の (i, j) 成分に対応する四角柱

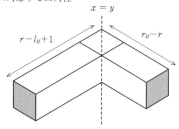

それらを指数とする q のべき乗であるから，掛け合わせれば

$$\boldsymbol{y}^L \boldsymbol{z}^R = q^{|\pi|}$$

となる．こうして，前章で詳しく論じた q 数え上げの母函数

$$N_{r,r,t}(q) = \sum_{\pi \subseteq B(r,r,t)} q^{|\pi|}$$

との関係

$$\widetilde{N}_{r,r,t}(q^{r-1/2}, \cdots, q^{1/2}, q^{1/2}, \cdots, q^{r-1/2}) = N_{r,r,t}(q) \qquad (8)$$

がわかる．これと(5)から $N_{r,r,t}(q)$ の展開公式

$$N_{r,r,t}(q) = \sum_{\lambda \subseteq (t^r)} s_\lambda(q^{r-1/2}, \cdots, q^{1/2})^2 \qquad (9)$$

が得られる．

4 長方形のヤング図形のシューア函数再論

前章までの観点では，$B(r, r, t)$ 内の平面分割に関するもっとも一般的な数え上げ母函数は $s_{(t^r)}(\boldsymbol{x})$ である．前節ではこの母函数と新たに導入した母函数 $\widetilde{N}_{r,r,t}(\boldsymbol{y}, \boldsymbol{z})$ の特殊値の間に成立する関係(6), (8)を指摘したが，母函数自体の間にも直接的な関係があるのだろうか．

第5章で歪シューア函数に関連して説明したことによれば，変数の組み分け $\boldsymbol{x} = (\boldsymbol{y}, \boldsymbol{z})$ に伴って前者は

$$s_{(t^r)}(\boldsymbol{y}, \boldsymbol{z}) = \sum_{\lambda \subseteq (t^r)} s_\lambda(\boldsymbol{y}) s_{(t^r)/\lambda}(\boldsymbol{z}) \qquad (10)$$

というように展開できる．この展開を導くには，前述の半標準盤 S によるヤング盤表示

$$s_{(t^r)}(\boldsymbol{x}) = \sum_S \boldsymbol{x}^S$$

から出発し，S をヤング図形 λ の上の半標準盤 L と歪ヤング図形

080

$(t^r)/\lambda$ の上の半標準盤 L^c ($r+1$ 以上 $2r$ 以下の整数が書き込まれている)に分けて，S についての総和を

$$\sum_S \boldsymbol{x}^S = \sum_{\lambda \subseteq (t^r)} \left(\sum_L \boldsymbol{y}^L \right) \left(\sum_{L^c} \boldsymbol{z}^{L^c} \right)$$

というように書き直す．右辺の総和はそれぞれ $s_\lambda(\boldsymbol{y}), s_{(t^r)/\lambda}(\boldsymbol{z})$ にほかならない．これが(10)の意味である．この展開は，(5)を同様に書き直したもの

$$\widetilde{N}_{r,r,t}(\boldsymbol{y}, \boldsymbol{z}) = \sum_{\lambda \subseteq (t^r)} \left(\sum_L \boldsymbol{y}^L \right) \left(\sum_R \boldsymbol{z}^R \right)$$

と一見似ているが，L^c と違って R はヤング図形 λ の上の半標準盤であるから，右辺の第 2 の総和が食い違っている．2 つの母函数はこのようにかなり違うものに見える．

じつは $s_{(t^r)}(\boldsymbol{y}, \boldsymbol{z})$ の展開(10)も，簡単な乗数を別にすれば，2 個のシューア函数の積の総和に書き直せる．正確に言えば，

$$s_{(t^r)}(\boldsymbol{y}, \boldsymbol{z}) = \left(\prod_{i=1}^r z_i^t \right) \sum_{\lambda \subseteq (t^r)} s_\lambda(\boldsymbol{y}) s_\lambda(\boldsymbol{z}^{-1}) \tag{11}$$

という展開公式が成立する．ここで $\boldsymbol{z}^{-1}$ は $\boldsymbol{z} = (z_1, \cdots, z_r)$ に対して

$$\boldsymbol{z}^{-1} = (z_1^{-1}, \cdots, z_r^{-1})$$

と定義される．結果として，$s_{(t^r)}(\boldsymbol{y}, \boldsymbol{z})$ は前節の母函数と

$$s_{(t^r)}(\boldsymbol{y}, \boldsymbol{z}) = \left(\prod_{i=1}^r z_i^t \right) \widetilde{N}_{r,r,t}(\boldsymbol{y}, \boldsymbol{z}^{-1}) \tag{12}$$

という関係にあることがわかる．すでに示した(6), (7), (8), (9)はこれらの等式によって説明することもできる．ちなみに，数理物理の観点では，(11)は**フェーズ模型**と呼ばれる量子可積分系の**ベーテ**(Bethe)**状態の内積公式**という興味深い解釈をもつ[3,4]．ここでは，シューア函数についてこれまで解説してきたことだけを用いて，線形代数的計算で(11)を導出してみよう．

まず，(10)に登場した歪シューア函数 $s_{(t^r)/\lambda}(\boldsymbol{z})$ が，ある分割のシューア函数とみなせることを示す．λ を $(\lambda_1, \cdots, \lambda_r)$ と表せば，この歪シューア函数は第 5 章で説明したヤコビ–トゥルーディ公式によって

$$s_{(t^r)/\lambda}(\boldsymbol{z}) = \det(h_{t-\lambda_j-i+j}(\boldsymbol{z}))_{i,j=1}^r$$

と表せる．行と列のそれぞれの並び方を反転すれば(すなわち，i 行と $r+1-i$ 行，j 列と $r+1-j$ 列を入れ替えれば)，右辺の行列式は

$$\det(h_{t-\lambda_{r+1-j}-j+i}(\boldsymbol{z}))_{i,j=1}^r = s_{\lambda^c}(\boldsymbol{z})$$

に変わる．ここで λ^c は

$$\lambda^c = (t-\lambda_r, t-\lambda_{r-1}, \cdots, t-\lambda_1)$$

という分割であり，それが表すヤング図形は歪ヤング図形 $(t^r)/\lambda$（すなわち $r \times t$ の長方形におけるヤング図形 λ の補集合）を180度回転したものである（図5）．こうして

$$s_{(t^r)/\lambda}(\boldsymbol{z}) = s_{\lambda^c}(\boldsymbol{z}) \tag{13}$$

という関係がわかる．

図5 長方形の中のヤング図形 λ とその補集合
のヤング図形 λ^c（180度回転している）

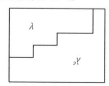

次に，第6章で紹介したワイルの指標公式を用いて $s_{\lambda^c}(\boldsymbol{z})$ を書き直す．指標公式によれば

$$s_{\lambda^c}(\boldsymbol{z}) = \frac{\det(z_i^{t - \lambda_{r+1-j} + r - j})_{i,j=1}^r}{\det(z_i^{r-j})_{i,j=1}^r}$$

となる．分子の行列式において列の並び方を反転すれば

$$\text{分子} = (-1)^{r(r-1)/2} \det(z_i^{t - \lambda_j + j - 1})_{i,j=1}^r$$

と書き直せる．さらに，この行列式の中身を

$$z_i^{t - \lambda_j + j - 1} = z_i^{t + r - 1}(z_i^{-1})^{\lambda_j + r - j}$$

と書き直して z_i^{t+r-1} を行列式の外にくくり出せば，

$$\text{分子} = (-1)^{r(r-1)/2}\left(\prod_{i=1}^r z_i^{t+r-1}\right)\det((z_i^{-1})^{\lambda_j + r - j})_{i,j=1}^r$$

となる．分母は同様の計算によって

$$\text{分母} = (-1)^{r(r-1)/2}\left(\prod_{i=1}^r z_i^{r-1}\right)\det((z_i^{-1})^{r-j})_{i,j=1}^r$$

と書き直せる．$s_{\lambda^c}(\boldsymbol{z})$ はこれらの比として

$$s_{\lambda^c}(\boldsymbol{z}) = \left(\prod_{i=1}^r z_i^t\right)\frac{\det((z_i^{-1})^{\lambda_j + r - j})_{i,j=1}^r}{\det((z_i^{-1})^{r-j})_{i,j=1}^r}$$

と表せるが，最後の行列式の比に再び指標公式を適用すれば，最終的に

$$s_{\lambda^c}(\boldsymbol{z}) = \left(\prod_{i=1}^r z_i^t\right)s_\lambda(\boldsymbol{z}^{-1}) \tag{14}$$

という形にまとまる．

(13), (14)によって $s_{(t^r)/\lambda}(\boldsymbol{z})$ は

$$s_{(t^r)/\lambda}(\boldsymbol{z}) = \left(\prod_{i=1}^{r} z_i^t\right) s_\lambda(\boldsymbol{z}^{-1})$$

と書き直せる. これを(10)に代入すれば(11)が得られる. なお, (13)と(14)は長方形のヤング図形の特徴(部分ヤング図形の補集合も180度回転すればヤング図形になる)を反映した等式であることに注意を喚起しておきたい.

　本章では平面分割の数え上げ問題を対角断面の観点から見直した. この観点から平面分割の新たな数え上げ母函数 $\tilde{N}_{r,r,t}(\boldsymbol{y}, \boldsymbol{z})$ を導入し, これまで扱ってきた数え上げ数や数え上げ母函数との関係を示す等式 (6), (8), (12)などを導出した. さらに, このことを説明する過程で, 長方形のヤング図形特有の等式(11), (13), (14)も紹介した.

参考文献

[1]　A. Okounkov and N. Reshetikhin, *Correlation function of Schur Process with application to local geometry of a random 3-Dimensional young diagram*, J. Amer. Math. Soc. **16**, (2003), 581-603.

[2]　A. Okounkov, N. Reshetikhin and C. Vafa, *Quantum Calabi-Yau and classical crystals*, in: P. Etingof, V. Retakh and I. M. Singer (eds.), *The unity of mathematics*, Progr. Math. **244**, Birkhäuser, 2006, pp. 597-618.

[3]　N. Bogoliubov, *Boxed plane partitions as an exactly solvable boson model*, J. Phys. A: Math. Gen. **38** (2005), 9415-9430.

[4]　N. V. Tsilevich, *Quantum inverse scattering method for the q-boson model and symmetric functions*, Funct. Anal. Appl. **40** (2006), 207-217.

平面分割と非交差閉路

　本章で平面分割の話を締めくくる．ここで取り上げる話題はディフランチェスコ(P. DiFrancesco)らが論文[1]で導入した**デブライン閉路**の概念である．これも平面分割に対して定まる非交差経路であるが，デブライン経路が始点と終点をもつ経路からなるのに対して，デブライン閉路は閉路の組である．そのような**非交差閉路**についてはLGVの公式のような汎用の数え上げ公式が知られていないが，ディフランチェスコらはデブライン経路を3組の非交差経路に切り分けて，それぞれに対してLGVの公式を適用する，というアイディアを示した．これによって，たとえば箱入り平面分割の総数 $N_{r,s,t}$ に対して新たな線形代数的表示が得られる．さらに，デブライン閉路は「巡回対称性」などの対称性の条件を課した平面分割の数え上げ問題(ブレスードの本[2]やステンブリッジの論文[3]を参照されたい)を自然な形で扱うことができる．意欲のある読者はディフランチェスコらの論文の中に新たな題材を探ってみるとよい．

1　デブライン閉路

　いつものように，xyz 空間の直方体 $B(r,s,t) = [0,r] \times [0,s] \times [0,t]$ に含まれる3次元ヤング図形(言い換えれば箱入り平面分割 $\pi \subseteq B(r,s,t)$)を考える．

　デブライン経路と同様に，デブライン閉路も3次元ヤング図形の第1象限側の表面に描かれる．デブライン経路は3通りあるが，一言で言えば，それらは3次元ヤング図形の表面と次の平面族との交差部分

にほかならない.

1) $x = i - \dfrac{1}{2}$ $\quad (i = 1, \cdots, r)$

2) $y = j - \dfrac{1}{2}$ $\quad (j = 1, \cdots, s)$

3) $z = k - \dfrac{1}{2}$ $\quad (k = 1, \cdots, t)$

たとえば,第1章で導入したデブライン経路(水平面上をたどる)は3)との交差部分である.他方,デブライン閉路は第1象限の境界(3つの座標平面の $x, y, z \geqq 0$ の部分の合併)を

$$\left(l - \frac{1}{2}, l - \frac{1}{2}, l - \frac{1}{2} \right) \quad (l = 1, 2, \cdots)$$

というベクトルで平行移動したものとの交差部分である(図1).これらは文字通り「閉路」であり,明らかに「非交差」でもある.

図1 3次元ヤング図形のデブライン閉路

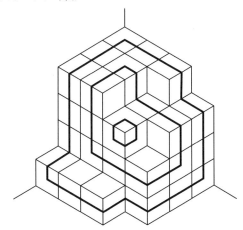

　3次元ヤング図形の表面をなす単位正方形は3つの座標平面のいずれに平行であるかによって3種類に分かれるが,これらの正方形とデブライン閉路の関係は第3章で説明したデブライン経路の場合とはかなり異なる.デブライン経路は3種類の正方形のうち特定の2種類(たとえば,水平面上をたどるデブライン経路の場合には,xz 平面に平行なものと yz 平面に平行なもの)の上を通る.他方,デブライン閉路が通る正方形の

第9章　平面分割と非交差閉路

種類は場所によって変わる．図1を平面図とみなして，座標軸の正部分を投影した3本の半直線 L_x, L_y, L_z によってこの平面を3つの角領域（3分の1平面）D_{xy}, D_{yz}, D_{zx} に分けよう．図2に示すように，角領域の内部の3種類の「正方形」(平面図ではひし形として描かれるが[1]) のうちでどれをデブライン閉路が通るか，ということは角領域によって異なる．さらに，2つの角領域にまたがる「正方形」の上では，デブライン閉路が「く」の字の形に折れている．

図2 デブライン閉路が通る「正方形」(ひし形)

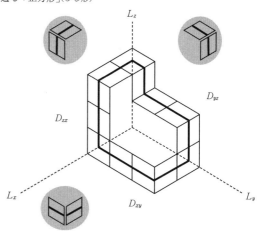

デブライン経路の本数は r, s, t によって決まっているが，デブライン閉路の本数 d は3次元ヤング図形によって変わる．3次元ヤング図形が空の場合には $d = 0$，$B(r, s, t)$ のときには $d = \min\{r, s, t\}$ (r, s, t の最小値)であり，一般にはその中間の値になる．

2　角転送行列

ディフランチェスコらの論文[1]に従って，デブライン閉路の観点から箱入り平面分割の数え上げ問題を見直してみよう．ここでは平面分割の総数 $N_{r,s,t}$ を求める問題に話を限定するが，q 数え上げの母函数 $N_{r,s,t}(q)$ も同様に扱える．

3次元ヤング図形はデブライン閉路と1対1に対応するので，問題はデブライン閉路を数え上げることである．ここでも図1や図2を平

面図とみなして話を進めよう．図3に示すように，平面図形としての
デブライン閉路は半直線 L_z, L_x, L_y によって3つの部分に切り分けら
れる．デブライン閉路とこれらの半直線との交点を(外側から順に番号
を付けて)$A_1, \cdots, A_d, B_1, \cdots, B_d, C_1, \cdots, C_d$ と表そう．デブライン閉路の3
つの部分はこれらの点の組 $\boldsymbol{A} = (A_1, \cdots, A_d)$, $\boldsymbol{B} = (B_1, \cdots, B_d)$, $\boldsymbol{C} = (C_1, \cdots, C_d)$ を結ぶ非交差経路 $\boldsymbol{P} = (P_1, \cdots, P_d)$, $\boldsymbol{Q} = (Q_1, \cdots, Q_d)$, $\boldsymbol{R} = (R_1, \cdots, R_d)$ になる．これらの経路の両端には L_x, L_y, L_z の上のひし
形に含まれる部分(図3では細線で描かれている)があるが，この部分(線分
をなす)は経路によらず端点の位置だけで決まる．そこから先の部分
(図3では太線で描かれている)は，2種類の基本的な移動を任意に組み合
わせてできる．このような意味で $\boldsymbol{P}, \boldsymbol{Q}, \boldsymbol{R}$ は非交差格子経路である
(背後の無閉路有向グラフを描くことは読者に任せる)．こうしてデブライン
閉路の数え上げ問題は2つの問題

i) 指定された $\boldsymbol{A}, \boldsymbol{B}, \boldsymbol{C}$ に対して非交差格子経路 $\boldsymbol{P}, \boldsymbol{Q}, \boldsymbol{R}$ の選び方
を数え上げること

ii) i)の結果を閉路の本数 d と $\boldsymbol{A}, \boldsymbol{B}, \boldsymbol{C}$ の選び方について足し上げ

図3 デブライン閉路を3つの部分に切り分ける

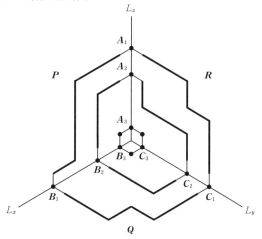

---

1) その意味で，3次元ヤング図形の平面図は平面にひし形を敷き
詰めた「ひし形タイル張り」とみなせる．ひし形タイル張りは次回
以降の話題である「ダイマー模型」とも関係する．

ること

　に分けられる．

　以下で説明するように，i)の問題にはLGV公式が適用できて，その結果はある行列 T^{zx}, T^{xy}, T^{yz}（ディフランチェスコらの論文[1]で**角転送行列**と呼ばれているもの[2]）の d 次小行列式で表される．ii)の問題については節を改めて議論する．

　D_{zx} の上の非交差経路 $\boldsymbol{P}$ の数え上げを考える．すでに言及したように，$\boldsymbol{P}$ の両端には $\boldsymbol{A}, \boldsymbol{B}$ とつながる一定の線分があり，それ以外は2種類の基本的移動（図3に合わせて↗，↓と表すことにする）を任意に組み合わせてできている．LGV公式によれば，この非交差格子経路の選び方の総数は A_i から B_j に至る（背後の無閉路有向グラフの）経路の総数を並べた行列の行列式

$$\det(A_i \to B_j \text{ の経路の総数})_{i,j=1}^d$$

に等しい．この行列式を具体的に書き下すために，L_z, L_x を平面図の背後の z 軸，x 軸と同一視して，A_i, B_i の座標値を

$$A_i : z = \alpha_i + \frac{1}{2}, \qquad B_i : x = \beta_i + \frac{1}{2}$$

と表す．α_i, β_i は非負整数で

$$t > \alpha_1 > \alpha_2 > \cdots > \alpha_d \geqq 0, \qquad r > \beta_1 > \beta_2 > \cdots > \beta_d \geqq 0$$

という不等式を満たす．A_i から B_j に至る経路は α_i 個の↓と β_j 個の↗からなるので，その総数は2項係数 $\binom{\alpha_i + \beta_j}{\alpha_i}$ で与えられる．ただし，図3の A_3 と B_3 を結ぶ経路のように $\alpha_i = \beta_i = 0$ となる場合には，2項係数を $\binom{0}{0} = 1$ と解釈する．こうして，$\boldsymbol{P}$ の選び方の総数は

$$\det\left(\binom{\alpha_i + \beta_j}{\alpha_i}\right)_{i,j=1}^d = \det(T^{zx}_{\alpha_i \beta_j})_{i,j=1}^d \tag{1}$$

という行列式で与えられる．ここで $t \times r$ 行列

$$T^{zx} = \left(\binom{\alpha + \beta}{\alpha}\right)_{0 \leqq \alpha < t, 0 \leqq \beta < r}$$

（行の添え字 α と列の添え字 β は $\alpha = 0, 1, \cdots, t-1$ と $\beta = 0, 1, \cdots, r-1$ の範囲を走る）を導入した．これが D_{zx} に対する角転送行列である．

　同様の考察によって，D_{xy}, D_{yz} の上の非交差経路 $\boldsymbol{Q}, \boldsymbol{R}$ の選び方の総数はそれぞれ $r \times s$ 行列

$$T^{xy} = \left(\binom{\alpha+\beta}{\alpha} \right)_{0 \le \alpha < r, 0 \le \beta < s}$$

と $s \times t$ 行列

$$T^{yz} = \left(\binom{\alpha+\beta}{\alpha} \right)_{0 \le \alpha < s, 0 \le \beta < t}$$

の d 次小行列式

$$\det(T^{xy}_{\beta_i \gamma_j})^d_{i,j=1}, \qquad \det(T^{yz}_{\gamma_i \alpha_j})^d_{i,j=1} \tag{2}$$

で与えられる．ここで γ_i は C_i の L_y 上の位置を表す整数であり，

$$s > \gamma_1 > \gamma_2 > \cdots > \gamma_d \ge 0$$

という不等式を満たす．

3 小行列式の積の足し上げ

　前節の考察によって，A, B, C を指定したときのデブライン閉路の総数は 3 個の行列式(1), (2)の積として表せることがわかった．次の問題はこの積を $d = 0, 1, \cdots, r$ ならびに A, B, C の選び方に関して足し上げることである．これは線形代数で知られている「コーシー(Cauchy)－ビネ(Binet)公式」と「フレドホルム(Fredholm)展開公式」[3]（たとえば岡田の古典群の本[4]の上巻の付録や金子の線形代数の教科書[5]を参照されたい）によって実行できる．話を簡単にするために，以下ではまず $r = s = t$ の場合を考える．

　これらの公式やそれを用いる計算をコンパクトに書くために，以下のような記法を用いる．一般に $M \times N$ 行列

$$A = (a_{ij})_{1 \le i \le M, 1 \le j \le N}$$

に対して，番号が $I = \{i_1, \cdots, i_n\}$ に属する行と番号が $J = \{j_1, \cdots, j_n\}$ に属する列を取り出して得られる $n \times n$ 行列を A_{IJ} と表す．すなわち，

$$A_{IJ} = (a_{i_k j_l})^n_{k,l=1}$$

である．行列式を考えるときには，I, J を集合ではなくて，順序や重複も考慮した数の組 $I = (i_1, \cdots, i_n)$, $J = (j_1, \cdots, j_n)$ と考える方が都合がよい（適宜そのように解釈する）．

---

2)　量子可積分系に対する**バクスター**(R. J. Baxter)**の角転送行列**から名前を借りているが，その仕組みはまったく異なる．

3)　この展開公式はもともと函数空間（無限次元の線形空間である）の上の積分作用素に対して定式化されるものだが，ここではその原型となった線形代数の公式を同じ名前で呼ぶことにする．

この記号を用いれば，3個の行列式(1)，(2)の積は

$$I = (\alpha_1, \cdots, \alpha_d), \qquad J = (\beta_1, \cdots, \beta_d), \qquad K = (\gamma_1, \cdots, \gamma_d)$$

という組を用いて

$$\det T_{IJ}^{zx} \det T_{JK}^{xy} \det T_{KI}^{yz} \tag{3}$$

と表せる．これを J, K（言い換えれば $\boldsymbol{B}, \boldsymbol{C}$ の選び方）について総和するためにコーシー–ビネ公式を用いる．

コーシー–ビネ公式は一般に $n \times N$ 行列（$n \leqq N$ とする）$A = (a_{ij})$，$B = (b_{ij})$（行の添え字 i と列の添え字 j はそれぞれ $i = 1, \cdots, n$, $j = 1, \cdots, N$ の範囲を走る）に対して $\det(A\,{}^t\!B)$ を

$$\det(A\,{}^t\!B) = \sum_J \det A_J \det B_J \tag{4}$$

というように展開する公式である．ここで J は

$$J = (j_1, \cdots, j_n), \qquad N \geqq j_1 > \cdots > j_n \geqq 1$$

という n 個の数の組であり[4]，A_J, B_J は A, B から $j_1, \cdots, j_n$ 列を取り出した行列，すなわち

$$A_J = A_{(1, \cdots, n)J}, \qquad B_J = B_{(1, \cdots, n)J}$$

である．A, B が正方行列（$n = N$）の場合には線形代数の初心者にもおなじみの公式 $\det(AB) = \det A \det B$ が再現される．

この公式を用いれば，J, K に関する(3)の総和は

$$\sum_{J,K} \det T_{IJ}^{zx} \det T_{JK}^{xy} \det T_{KI}^{yz} = \sum_K \det(T^{zx}T^{xy})_{IK} \det T_{KI}^{yz}$$

$$= \det(T^{zx}T^{xy}T^{yz})_{II}$$

というようにまとめられる．残る問題はこれを I と d について総和したもの

$$1 + \sum_{d=1}^{r} \sum_I \det(T^{zx}T^{xy}T^{yz})_{II} \tag{5}$$

（最初の項は $d = 0$ すなわち空の3次元ヤング図形に対応する）を求めることである．ここでフレドホルム展開公式を用いる．

フレドホルム展開公式によれば，一般に $N \times N$ 行列 $A = (a_{ij})_{i,j=1}^N$ に対して $\det(E + A)$（E は単位行列を表す）という形の行列式は

$$\det(E + A) = 1 + \sum_{n=1}^{N} \sum_I \det A_{II} \tag{6}$$

と展開される[5]．ここで I は

$$N \geqq i_1 > i_2 > \cdots > i_n \geqq 1$$

という不等式を満たす整数の組 $I = (i_1, \cdots, i_n)$ を表す．この公式によってただちに

$$(5) = \det(E + T^{zx}T^{xy}T^{yz})$$

となることがわかる.

こうして箱入り平面分割の個数 $N_{r,r,r}$ に対して新たな表示公式

$$N_{r,r,r} = \det(E + T^{zx}T^{xy}T^{yz}) \tag{7}$$

が得られる. K, I や I, J から先に総和を行えば,

$$N_{r,r,r} = \det(E + T^{xy}T^{yz}T^{zx})$$
$$= \det(E + T^{yz}T^{zx}T^{xy})$$

という表示公式も得られるが, これらは行列式についての一般的等式

$$\det(E + AB) = \det(E + BA)$$

からの帰結ともみなせる.

以上の計算を丁寧に見直せば, $r = s = t$ 以外の場合にもまったく同じ形の公式

$$N_{r,s,t} = \det(E + T^{zx}T^{xy}T^{yz}) \tag{8}$$

が成立することが確かめられる. さらに, 第5章で登場した2項係数の q 変形

$$\binom{m+n}{m}_q = \sum_{\lambda \subseteq (n^m)} q^{|\lambda|}$$

を用いて角転送行列を

$$T^{zx}(q) = \left(q^{1/3} q^{(\alpha+\beta)/2} \binom{\alpha+\beta}{\alpha}_q \right)_{0 \le \alpha < t, 0 \le \beta < r}$$

等々というように修正すれば, 重み $q^{|\pi|}$ による数え上げ母函数

$$N_{r,s,t}(q) = \sum_{\pi \subseteq B(r,s,t)} q^{|\pi|}$$

に対する同様の表示公式

$$N_{r,s,t}(q) = \det(E + T^{zx}(q)T^{xy}(q)T^{yz}(q)) \tag{9}$$

も成立する. 細部を確かめることは読者に任せる.

ディフランチェスコらの論文[1]は以上のような数え上げの方法をさまざまな設定(たとえば, 対称性の条件を課した平面分割の数え上げ)に適用している. いずれの場合にも, 最終的な結果には $\det(E + A)$ という

---

4) $1 \le j_1 < j_2 < \cdots < j_n \le N$ とするのが普通であるが, ここでは公式を適用する(3)の I, J, K に合わせた. どちらを採用しても結果は変わらない. 同じことはこのあとのフレドホルム展開公式の使い方についても当てはまる.

5) この公式を用いれば, 固有多項式 $\det(tE - A)$ の係数を行列式として表すことができる. 線形代数の教科書(たとえば金子の教科書[5])ではその形でこの公式を紹介していることもある.

形の行列式が現れる．これらの行列式の値を計算することはまた別の問題であり，新たな工夫が必要になる（ブレスードの本[2]にはその一端が紹介されている）．ここではこの問題には立ち入らない．

4 デブライン閉路と対角断面の関係

　デブライン閉路は平面分割の数え上げ問題に対するいわば「第3の見方」であるが，$r = s$ の場合には，前回紹介した「第2の見方」である対角断面とも興味深い関係にある．

　本章で説明したように，箱入り平面分割 $\pi \cong B(r, r, t)$ に対して対角断面列 $\{\pi(m)\}_{m=-r}^{r}$ の左半分と右半分はそれぞれヤング図形の成長列である．これらの成長列は主対角断面 $\lambda = \pi(0)$ の上に $\{1, \cdots, r\}$ の要素を並べた半標準盤 $L = (l_{ij})$ と $\{r+1, \cdots, 2r\}$ の要素を並べた（増減が逆の）半標準盤 $R = (r_{ij})$ を定める．図1の場合にはこれらの半標準盤は

$$L = \begin{pmatrix} 1 & 2 & 2 & 2 \\ 2 & 3 & 3 & 3 \\ 3 & 4 & 4 & \end{pmatrix}, \quad R = \begin{pmatrix} 8 & 8 & 8 & 7 \\ 7 & 7 & 7 & 5 \\ 6 & 6 & 5 & \end{pmatrix}$$

となる（図4）．

図4　3次元ヤング図形から L, R を読み取る

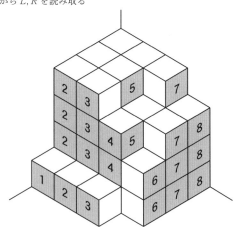

L, R の行と列は図4に書き込まれた数をデブライン経路に沿って読み取って並べたものであるが，同じ数をデブライン閉路(左回りとみなす)に沿ってたどれば，L, R の上では次の矢印のように進むことになる：

$$L : \begin{pmatrix} \swarrow & \leftarrow & \leftarrow & \leftarrow \\ \downarrow & \swarrow & \leftarrow & \leftarrow \\ \downarrow & \downarrow & \swarrow & \end{pmatrix}, \quad R : \begin{pmatrix} \nearrow & \rightarrow & \rightarrow & \rightarrow \\ \uparrow & \nearrow & \rightarrow & \rightarrow \\ \uparrow & \uparrow & \nearrow & \end{pmatrix}$$

このように，L と R では進む方向が逆になるが，各デブライン閉路(正確にはその半分)にはヤング図形の対角線上の正方形を角にして右と下に伸びる「く」の字の部分が対応する．

この「く」の字の部分は正式には**フック**[6]と呼ばれる．ヤング図形 λ において

(i,j)	$\cdots$	$\cdots$	(i, λ_i)
$\vdots$			
$\vdots$			
(λ'_j, j)			

という正方形の並びを $H(i, j)$ で表して，$(i, j) \in \lambda$ を角とするフックと呼ぶことにする．ここで λ_i, λ'_j は λ, λ' の成分を表す．フックは一見素朴な概念だが，ヤング図形が関係する話では至るところで活躍する．

デブライン閉路を左右に切り分けたものは，前節まで考えたものとは別種の非交差経路になる(図5，次ページ)．すなわち，直線 L_z を下側に延長して，そこでのデブライン閉路との交点を下から順に $D_1, \cdots, D_d$ と表し，デブライン閉路の左半分と右半分(これらは $\boldsymbol{P}, \boldsymbol{R}$ を $\boldsymbol{Q}$ の左半分と右半分で延長したものである)を

$$\boldsymbol{P}^* = (P_1^*, \cdots, P_d^*), \qquad \boldsymbol{R}^* = (R_1^*, \cdots, R_d^*)$$

と表すことにすれば，$\boldsymbol{P}^*, \boldsymbol{R}^*$ は $\boldsymbol{A} = (A_1, \cdots, A_d)$ と $\boldsymbol{D} = (D_1, \cdots, D_d)$ を結ぶ非交差格子経路とみなせる．

この非交差経路に基づいて，前章で考察した3つ組 (λ, L, R) の数え上げ母函数

---

6) 英語の hook をそのままカタカナにした．日本語では鉤(かぎ)という．

図5 デブライン閉路を左右に切り分ける

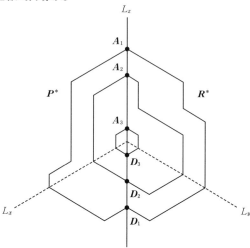

$$\widetilde{N}_{r,r,t}(\boldsymbol{x}) = \sum_{\lambda \subseteq (t^r)} \sum_{L,R} \boldsymbol{y}^L \boldsymbol{z}^R = \sum_{\lambda \subseteq (t^r)} s_\lambda(\boldsymbol{y}) s_\lambda(\boldsymbol{z})$$

($2r$ 次元変数 $\boldsymbol{x} = (x_1, \cdots, x_{2r})$ を $\boldsymbol{y} = (x_1, \cdots, x_r)$ と $\boldsymbol{z} = (x_{r+1}, \cdots, x_{2r})$ に分けている）を解釈することもできる．上で注意したように，l 番目の経路 P_l^*, R_l^* (A_l と D_l を結ぶ）はヤング図形 λ のフック $H(l,l)$ に対応し，$l = 1, \cdots, d$ にわたるこれらのフックの合併はヤング図形を覆い尽くす．したがって，P_l^*, R_l^* に対して重みを

$$w(P_l^*) = \prod_{(i,j) \in H(l,l)} x_{l_{ij}}, \qquad w(R_l^*) = \prod_{(i,j) \in H(l,l)} x_{r_{ij}}$$

と定めれば，$\boldsymbol{P}^*, \boldsymbol{R}^*$ の重み $w(\boldsymbol{P}^*), w(\boldsymbol{R}^*)$ は

$$\boldsymbol{y}^L = \prod_{(i,j) \in \lambda} x_{l_{ij}}, \qquad \boldsymbol{z}^R = \prod_{(i,j) \in \lambda} x_{r_{ij}}$$

に一致する．こうして，$\widetilde{N}_{r,r,t}(\boldsymbol{x})$ の展開に現れるシューア函数は

$$s_\lambda(\boldsymbol{y}) = \sum_{P^*} w(\boldsymbol{P}^*), \qquad s_\lambda(\boldsymbol{z}) = \sum_{R^*} w(\boldsymbol{R}^*)$$

という非交差経路和として再解釈できる．

　この非交差経路和に LGV 公式を適用すれば，$s_\lambda(\boldsymbol{y}), s_\lambda(\boldsymbol{z})$ は

$$\det(A_i \to D_j \text{ の経路の重みの総和})_{i,j=1}^{d} \tag{10}$$

という形の行列式で表せる．この行列式表示はヤコビ-トゥルーディ公式やワイルの指標公式とは別のもので，じつは**ジャンベリ**(Giambelli)**公式**として知られる公式になっている．ステンブリッジの論文[3]

は最後にジャンベリ公式の非交差経路解釈を与えているが，よく見比べれば，上の $\boldsymbol{P}^*, \boldsymbol{R}^*$ はそこで用いられている非交差経路と実質的に同じものであることがわかる．

ジャンベリ公式ではヤング図形の**フロベニウス**(Frobenius)**表示**が用いられるので，この表示を説明しておこう．空でないヤング図形の対角線が d 個の正方形からなるとする．その l 番目の正方形を角とするフック $H(l, l)$ において，角の右にある正方形の個数 $\lambda_l - l$ を α_l，下にある正方形の個数 $\lambda'_l - l$ を δ_l と表せば，定義から $\alpha_1 > \cdots > \alpha_d \geqq 0$, $\delta_1 > \cdots > \delta_d \geqq 0$ という不等式が成立する．逆に，このような整数の組からもとのヤング図形が復元できる．この整数の組を
$$(\boldsymbol{\alpha}|\boldsymbol{\delta}) = (\alpha_1, \cdots, \alpha_d|\delta_1, \cdots, \delta_d)$$
と表したものがヤング図形のフロベニウス表示である．

このフロベニウス表示はこれまでの議論の中に片鱗を見せている．一般に，3次元ヤング図形の主対角断面をフロベニウス表示すれば，前半の $\alpha_1, \cdots, \alpha_d$ は $A_1, \cdots, A_l$ の位置を表すためにすでに導入した数に一致する．また，後半の $\delta_1, \cdots, \delta_d$ は $D_1, \cdots, D_l$ に対応する z 軸上の点の座標値を $z = -\delta_i - \dfrac{1}{2}$ $(i = 1, \cdots, d)$ と表す数である．たとえば，図1の3次元ヤング図形の主対角断面 $\lambda = (4, 4, 3)$ のフロベニウス表示は $(3, 2, 0|2, 1, 0)$ となる．これが図5における A_1, A_2, A_3 と D_1, D_2, D_3 の位置と合っていることを確かめられたい．

フロベニウス表示を用いれば，ジャンベリ公式は
$$s_{(\alpha|\delta)}(\boldsymbol{x}) = \det(s_{(\alpha_i|\delta_j)}(\boldsymbol{x}))_{i, j=1}^d \tag{11}$$
と書ける．右辺の行列式の成分は1本のフックからなるヤング図形のシューア函数であるが，(10)における $A_i \to D_j$ の経路和を求めれば，実際にこのシューア函数が現れる．これを確かめることも読者の演習問題として残しておく．

本章ではデブライン閉路と呼ばれる非交差閉路によって箱入り平面分割の数え上げ問題を考え直した．この非交差閉路を3つの部分に切り分けて，各部分にLGV公式を適用することによって，平面分割の数え上げ数と母函数に対する新たな行列式表示(7), (8), (9)が得られた．その導出の過程で線形代数のコーシー–ビネ公式(4)やフレドホルム展開公式(6)を利用した．さらに，デブライン閉路を2つの部分に切り分けたものと対角断面との関係を説明し，そこからジャンベリ公式(11)の非交差経路解釈が従うことを指摘した．

参考文献

[1] P. Di Francesco, P. Zinn-Justin and J.-B. Zuber, *Determinant formulae for some tiling problems and application to fully packed loops*, Annales de l'institut Fourier **55** (2005), 2025-2050.

[2] D. M. Bressoud, "*Proofs and Confirmations*: *The Story of the Alternating Sign Matrix Conjecture*" (Cambridge University Press, 1999).

[3] J. R. Stembridge, *Nonintersecting paths, Pfaffians, and plane partitions*, Adv. in Math. **83** (1990), 96-131.

[4] 岡田聡一,『古典群の表現論と組合せ論(上・下)』(培風館, 2006).

[5] 金子晃,『線形代数講義』(サイエンス社, 2004).

完全マッチングと
全域木の数え上げ

ダイマー模型

　これから6章にわたって，グラフ理論における数え上げ問題として**ダイマー模型**と**全域木の数え上げ問題**を紹介する．これらはLGV公式が登場する以前から，線形代数的に数え上げ公式が書き下せる問題として知られていた．特に全域木の数え上げ問題は19世紀にグラフ理論と線形代数の関係が初めて明らかになった頃に遡る古典中の古典の話題である．ダイマー模型はそれよりもはるかに新しい話題であるが，3次元ヤング図形と多少関係があるので，以下では最初に3章にわたってダイマー模型を取り上げることにする．

　ダイマー模型は統計力学の可解模型(近似に頼らず厳密に解ける模型)の一種であり，1960年代にフィッシャー(M. E. Fisher)，テンパリー(H. N. V. Temperley)，カステレイン(P. W. Kasteleyn)らによって先駆的研究がなされた[1]．カステレインは今日「カステレイン行列」と呼ばれる行列を導入して，模型の「分配函数」が線形代数的方法で扱えることを示し，正方格子上のダイマー模型に対してその計算を実行した[1, 2][2]．ダイマー模型の研究は過去10年ほどの間に飛躍的に発展したが，それを主導したケニオン(R. Kenyon)とオクニコフの一連の研究においてもカステレイン行列は基本的な役割を果たしている(ケニオンの解説[3]などを参照されたい)．

　数学的に言えば，ダイマー模型の分配函数は「2部グラフ」と呼ばれる種類のグラフの「完全マッチング」を重み付きで数え上げる量である．カステレインの方法では分配函数をカステレイン行列の行列式によって表す[3]．その意味ではLGV公式と似ているが，行列式表示が成立する仕組みはLGV公式とはまったく異なる．ちなみに，ダイマー

模型の「相関函数」と呼ばれる量もやはりカステレイン行列を用いて表せることが知られている.

　本章では，グラフ理論から基本的な概念や記号を導入して，「タイル張り」との関係にも触れてから，模型の正確な定式化とカステレインの方法の概略を示す. 詳細は次章以降で説明する.

1 2部グラフの完全マッチング

　以下では辺に向きを指定しない**無向グラフ**を考える（文脈上強調する必要がない場合には「無向」という言葉を省く）. さらに，同じ頂点を結ぶ辺（すなわち「ループ」）が存在せず，任意の2頂点の間には2本以上の辺（多重辺）が存在しない，という場合のみを扱う. 有向グラフと同様に，無向グラフも頂点の集合 V と辺の集合 E の組 (V, E) として扱われる. 有向グラフの場合にならって頂点 v, v' を結ぶ辺を (v, v') と表すことにするが，無向グラフでは (v, v') と (v', v) は区別されない.

　グラフ $G = (V, E)$ の頂点集合が
$$V = V_1 \cup V_2, \qquad V_1 \cap V_2 = \emptyset$$
と分割されて，辺集合が
$$E \subseteqq \{(v, v') \mid v \in V_1, \ v' \in V_2\}$$
という条件を満たすとき（すなわち，辺が V_1 と V_2 の間にのみ存在するとき），G は**2部グラフ**であるという. 言い換えれば，2部グラフとは，辺で隣接する頂点は異なる色をもつ，という条件を満たしつつ頂点を2色（「白」と「黒」とする）で塗り分けたグラフのことである. この解釈では V_1 は白頂点の集合，V_2 は黒頂点の集合である. 以下では2部グラフをこのような V_1, V_2, E の3つ組 (V_1, V_2, E) として扱う.

1）　当時の研究の動機の1つは**イジング**（Ising）**模型**との類似性にあった. 正方格子上のイジング模型は統計力学の代表的な可解模型であり，1940年代にオンサガー（L. Onsager）によって解かれていた. フィッシャーとテンパリーは，カステレインとは独立に，イジング模型の解法にならってダイマー模型を解いた.

2）　カステレインの論文[2]は，ダイマー模型に限らず，グラフ理論と統計力学のさまざまな関係を広範に解説している. 技術的な観点から見れば，グラフに付随する行列がいたるところで要の役割を果たしていて，文字通り『線形代数と数え上げ』の題材の宝庫と言えるだろう.

3）　カステレインは2部グラフ以外の場合も扱っているが，その場合には行列式の代わりにパフ式（Pfaffian）が用いられる.

図1 2部グラフとしての正方格子(上)と6角格子(下)

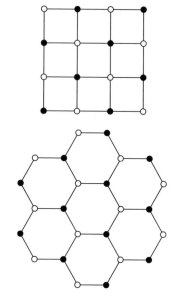

図2 3角格子グラフは2部グラフではない

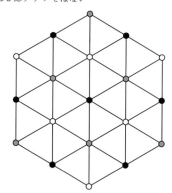

たとえば，平面上の**正方格子**や**6角格子**(**蜂の巣格子**)をグラフとみなしたものは2部グラフであるが(図1)，**3角格子**は頂点の塗り分けに3色必要なので，2部グラフにならない(図2).

2部グラフ $G = (V_1, V_2, E)$ に対して，頂点が重ならない辺の集合 $M = \{e_1, \cdots, e_N\} \subseteq E$ を**マッチング**という．M に属する辺を

$$e_i = (w_i, b_i) \qquad (w_i \in V_1, \quad b_i \in V_2)$$

図3　図1の2部グラフの完全マッチングの例
（マッチングの辺を太線で示す）

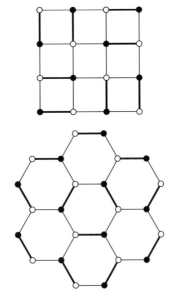

と表すことにすれば，M がマッチングであることは

$$w_i \neq w_j, \qquad b_i \neq b_j \qquad (i \neq j)$$

と言い換えられる．さらに，マッチング M が G のすべての頂点を覆うとき，すなわち

$$\{w_i | i = 1, \cdots, N\} = V_1, \qquad \{b_i | i = 1, \cdots, N\} = V_2$$

という条件が満たされるとき，M は**完全マッチング**であるという．図1の2部グラフの完全マッチングの例を図3に示す．

　2部グラフに完全マッチングが存在するためには白頂点の個数と黒頂点の個数が一致していること $(|V_1| = |V_2|)$ が大前提となる．たとえば，図1のような $m \times n$ の長方形の正方格子の場合には，m, n のどちらか一方が偶数である必要がある．この条件の下で完全マッチングの総数を求めることは組合せ論的に非自明な問題である．

　後の節で正確に説明するが，ダイマー模型の分配函数を求めることはこの数え上げ問題の重み付きの一般化とみなせる．ダイマー模型における「ダイマー」とは「モノマー」と呼ばれる分子が2個重合したものである．モノマーを黒丸，それを結ぶ部分を線分で表せば，ダイマーは ●━● という形をしている．ダイマー模型では，グラフ（頂点の位置

にモノマーを置くことができる）の上にダイマーを完全マッチングとして
配置したものを物理的状態の1つとみなす．一般に，グラフが大きく
なれば，可能なダイマー配置の総数も増加する．統計力学では，**熱平
衡**においてこれらの状態が確率的に実現されると考えて，各状態の実
現の割合を**ボルツマン重み**として指定する．可能な状態全体にわたる
このボルツマン重みの総和が分配関数にほかならない．

2 タイル張りとの関係

　ダイマー模型の定式化に進む前に，**タイル張り**との関係を説明して
おこう．タイル張りはトーラスなどの場合にも考えられるが，以下で
は平面の場合に話を限定する．タイル張りとは，平面上の指定された
領域に「タイル」と呼ばれる基本的図形を隙間なく，かつ境界を接し
て並べることである．ダイマー模型に関連するタイル張りの古典的な
例として**ドミノタイル張り**と**ひし形タイル張り**がある．
　「ドミノタイル張り」では，1辺の長さが1の単位正方形がチェス盤
のように並ぶ領域Ω（図4）にドミノ □□（2個の単位正方形をつないだも
の）を並べる．ドミノはチェス盤の2個の正方形とちょうど重なるよ
うに置くものとする．これを2部グラフの言葉に翻訳するには，チェ
ス盤の各正方形の重心を頂点にして，隣接する正方形の重心を辺で結
んだグラフを考える．チェス盤の正方形と同じ色をグラフの頂点に塗
れば，このグラフは図1に示したような正方格子の2部グラフになる．
この2部グラフのマッチングの辺をドミノに対応させれば，完全マッ
チングはΩのドミノタイル張りを定める．たとえば，図3上段の完全
マッチングに対応するドミノタイル張りは図5に示すものになる．
　「ひし形タイル張り」では，図6(104ページ)のように単位正3角形が
色分けされて並ぶ領域Ωを考える．ドミノに相当するのは2個の単
位正3角形をつないだひし形 ◇ である．ドミノタイル張りの場合
と同様にして，この設定を2部グラフの言葉に翻訳することができる．
すなわち，Ωの各3角形の重心を頂点として，隣接する3角形の重心
を辺で結べば，6角格子グラフができる．各頂点に背後の3角形の色
を塗れば，このグラフは2部グラフになる．この2部グラフの完全マ
ッチングはΩのひし形タイル張りを定める．たとえば，図3下段の完
全マッチングに対応するひし形タイル張りは図7(104ページ)に示すも
のになる．

図4 チェス盤の領域

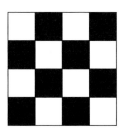

図5 図4の領域のドミノタイル張り
（マッチングの辺を点線で示す）

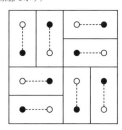

　ちなみに，図7のひし形タイル張りが3次元ヤング図形に見えることに注意されたい．一般に，$r \times s \times t$ の直方体 $B(r, s, t)$ に含まれる3次元ヤング図形は辺の長さが r, s, t, r, s, t の（したがって相対する辺が平行な）6角形の内部にひし形タイル張りを定める．この意味で，前章まで紹介してきた平面分割の数え上げ問題はひし形タイル張りの数え上げ問題と対応している．

　ひし形タイル張り自体はこのような「平行6角形」以外の領域に対しても考えられる．その場合にも，xyz 空間全体の中に適当な（一般には無限個の）立方体の族を配置すれば，その合併集合の境界面（**階段面**と呼ばれる）としてひし形タイル張りを立体視することができる．ケニオンの解説[3]にはそのような階段面の見事な図がいくつか収録されている．

　　　　　　　　　　　第10章　ダイマー模型

図6 ３角チェス盤の領域

図7 図6の領域のひし形タイル張り
（マッチングの辺を点線で示す）

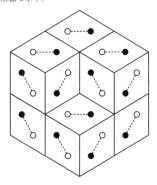

3　ダイマー模型の定式化

　２部グラフ $G = (V_1, V_2, E)$ が与えられたとき，その上の**ダイマー模型**は一種の確率空間（統計力学で**正準集団**と呼ばれる）として定式化される．確率が定義されるのは G の完全マッチング全体の集合 $\mathcal{M}(G)$（以下，$\mathcal{M}$ と略記する）である．

　$\mathcal{M}$ の上に確率を定義するために，あらかじめ各辺 $e \in E$ の重み $W(e) > 0$ を指定しておく．この重みを用いて完全マッチング（すなわち**ダイマー配置**）$M \in \mathcal{M}$ のボルツマン重み $W(M)$ を

$$W(M) = \prod_{e \in M} W(e)$$

と定める．これを物理的に解釈すれば，ダイマーの間には，モノマー

が重なることはできない，という条件から生じる「ハードコア」的な相互作用のみが存在し，1個のダイマーのボルツマン重み $W(e)$ はダイマーの**エネルギー** $\mathcal{E}(e)$ によって

$$W(e) = e^{-\mathcal{E}(e)/(kT)}$$

（T は温度，k はボルツマン定数）という形で与えられる，と仮定していることになる．

　この重みを用いて $M \in \mathcal{M}$ の確率 $\mathbb{P}(M)$ を

$$\mathbb{P}(M) = \frac{W(M)}{Z}$$

と定める．ここで分母は $W(M)$ の総和

$$Z = \sum_{M \in \mathcal{M}} W(M)$$

であるが，これが**分配函数**である．さらに，いくつかの辺の組 e_1, $\cdots$, e_m を指定すれば，それらを含む完全マッチング全体の集合

$$\mathcal{M}[e_1, \cdots, e_m] = \{M \in \mathcal{M} \mid e_1, \cdots, e_m \in M\}$$

（言い換えれば，完全マッチング M に対して $e_1, \cdots, e_m \in M$ という条件が成立する事象）の確率は

$$\mathbb{P}[e_1, \cdots, e_m \in M] = \frac{1}{Z} \sum_{M \in \mathcal{M}[e_1, \cdots, e_m]} W(M)$$

と表せる．これを $e_1, \cdots, e_m$ の函数 $C[e_1, \cdots, e_m]$ とみなしたものがダイマー模型の**相関函数**である．

　辺の重み $W(e)$ がすべて1に等しい場合には（たとえば，エネルギーと温度で表されている場合の高温極限 $T \to \infty$），分配函数は完全マッチングの総数 $|\mathcal{M}|$ に帰着する．この意味で，ダイマー模型の分配函数を求めることは完全マッチングの数え上げ問題の一般化とみなせる．さらに，グラフが6角格子の場合には，平面分割の数え上げ問題とも関係する．ただし，ダイマー配置の重みと平面分割の q 数え上げの重みはまったく異質のものなので，ダイマー模型と平面分割の q 数え上げが正確に対応するのはそれぞれの重みが1の場合だけである．

4　■■■■■ カステレイン行列

　カステレインはダイマー模型の分配函数を線形代数的に計算する方法を示したわけだが，正確に言えば，分配函数が直接に行列式として表せるのはグラフが**平面的**，すなわち，辺を交差させることなく平面上に描ける場合（たとえば図1のような平方格子や6角格子）に限られる．平

面上に描けるということは球面上に描けるということと同値であるが，トーラスの上でないと描けないグラフもある．トーラス上の正方格子はその典型的な例であるが，カステレインはその場合（言い換えれば，平面上の無限正方格子の上で縦横2方向の周期的境界条件を置いてダイマー模型を定式化した場合）も平面的グラフに対する方法を修正して扱っている．そこで明らかになったように，一般にトーラス上のグラフの場合には，分配関数は1個の行列ではなくて4個の行列の行列式を組み合わせて表すことができる．次章以降はこれらの行列式表示とその使い方について，具体的な模型を選んで解説する．

次章への予告編として，ここで2部グラフ $G = (V_1, V_2, E)$ が平面的な場合の分配関数の行列式表示を要点のみ紹介しておこう．V_1, V_2 はそれぞれ N 個の頂点からなるものとして

$$V_1 = \{w_1, \cdots, w_N\}, \qquad V_2 = \{b_1, \cdots, b_N\}$$

と表しておく．これに対応して $N \times N$ 行列（**カステレイン行列**）$K = (K_{ij})$ を

$$K_{ij} = \begin{cases} \pm W(w_i, b_j) & ((w_i, b_j) \in E \text{ のとき}) \\ 0 & ((w_i, b_j) \notin E \text{ のとき}) \end{cases}$$

と定義する．符号 $\pm$ は (i, j) ごとに指定されるものだが，具体的な指定の仕方は次章で説明する（たとえば，6角格子の場合にはすべて＋でよい）．K の行と列は G の白頂点と黒頂点に対応していることに注意されたい．w_i と b_j が辺で結ばれるとき，対応する (i, j) 成分にダイマーの重み $W(w_i, b_j)$ を符号付きで置いているのである．この符号因子を入れたことがカステレインの工夫である．ダイマー模型の分配関数はこの行列を用いて

$$Z = |\det K|$$

と表される．

この行列式表示が成立する仕組みを説明することが次章のおもな目標であるが，その概要は以下の通りである．K の行列式を定義通りに

$$\det K = \sum_{\sigma \in S_N} \mathrm{sgn}(\sigma) K_{1\sigma(1)} \cdots K_{N\sigma(N)}$$

と展開すれば，K の成分の定義によって，

$$M = \{(w_1, b_{\sigma(1)}), \cdots, (w_N, b_{\sigma(N)})\}$$

が G の辺のみからなる（すなわち $M \in \mathcal{M}$ となる）項以外は0になる．残るものは $M \in \mathcal{M}$ の重みに符号を付けたものの総和

$$\det K = \sum_{M \in \mathcal{M}} \pm W(M)$$

となる．符号 $\pm$ は置換の符号 $\mathrm{sgn}(\sigma)$ と K_{ij} の定義に由来する N 個の符号因子との積である．カステレインはグラフ理論的考察(その際に，G が平面的である，という仮定を用いる)に基づいて，K_{ij} の符号因子を適切に選べば $\det K$ の展開の各項の符号 $\pm$ が項によらず一定になる，ということを示した．この符号を総和の外に出せば，$\det K$ と Z を結ぶ等式

$$\det K = \pm \sum_{M \in \mathcal{M}} W(M) = \pm Z$$

が得られる．

　以上のことを LGV 公式と比較してみれば，そもそも行列成分の由来が異なるのみならず，行列式表示が成立する仕組みも違っている．LGV 公式の場合には，行列式を展開したときの項の間の打ち消しあいが公式成立の鍵だったが，カステレイン行列の場合には，行列式を展開すれば不要な項ははじめから消えていて，残った項の符号の処理に工夫が凝らされている．これを見る限り，2 つの公式を関連づけるには相当の工夫が必要になるように思われる．ここではこの問題にはこれ以上立ち入らない．

　カステレインはこの行列式表示を長方形の正方格子(垂直の辺と水平の辺にはそれぞれ共通の重みを指定する)に適用して，分配函数を具体的に求めた．その詳細については後の章で紹介するが，一言で言えば，K の固有ベクトルを直接構成して K を対角化し，その固有値の積として K の行列式を表すのである．$2m \times 2n$ の正方格子の場合にその結果を書き下せば

$$Z = \prod_{k=1}^{m} \prod_{l=1}^{n} \left(4a^2 \cos^2 \frac{k\pi}{2m+1} + 4b^2 \cos^2 \frac{l\pi}{2n+1} \right)$$

となる[4]．ここで a, b はそれぞれ垂直の辺と水平の辺の重みである．この結果は平面分割の数え上げにおけるマクマホンの公式にも匹敵する美しさをもつ．また，三角函数を組み合わせたものでありながら，

---

4) 　正方格子上のイジング模型の分配函数もこれとよく似た形で表せる．山田の本[4]の第 7 章 5 節を参照されたい．カステレインの解説[2]では，イジング模型をある種のグラフに関連する問題に翻訳して，ダイマー模型との関係を論じている．なお，イジング模型との関係を見るには行列式よりもパフ式を用いる方が都合がよい．

$a, b = 1$ の場合には正整数(完全マッチングの個数)になる，という点で驚くべき公式でもある．さらに，カステレインが指摘しているように，この公式から**熱力学的極限** $m, n \to \infty$ におけるダイマーあたりの**自由エネルギー**

$$F = - \lim_{m, n \to \infty} \frac{\log Z}{4mn}$$

の積分表示

$$F = - \frac{1}{\pi^2} \int_0^{\pi/2} d\theta \int_0^{\pi/2} d\tau \log(4a^2 \cos^2 \theta + 4b^2 \cos^2 \tau)$$

が得られる[5]．ケニオンとオクニコフの研究の重要な成果の1つはこの積分表示を正方格子以外のグラフや「磁場」が存在する場合に一般化したことにある．その背後には「スペクトル曲線」と呼ばれる代数曲線があり，その代数幾何学的な性質を理解することが積分表示の導出の鍵である．

参考文献

[1] P. W. Kasteleyn, *The statistics of dimers on a lattice*: I. *The number of dimer arrangements on a quadratic lattice*, Physica **27** (1961), 1209-1225.

[2] P. W. Kasteleyn, *Graph theory and crystal physics*, in: F. Harary Ed., *"Graph Theory and Theoretical Physics"* (Academics Press, 1967), 43-110.

[3] R. Kenyon, *Lectures on dimers*, 電子論文. http://archiv.org/abs/0910.3129

[4] 山田泰彦，『共形場理論』(培風館，2006).

---

5) $\log Z$ の2重和表示に区分求積法の公式を適用すればよい．

第11章

カステレイン行列

　本章ではダイマー模型に対する線形代数的方法の基礎の部分を紹介する．カステレインは今日**カステレイン行列**と呼ばれる行列を導入して，2部グラフに対するダイマー模型の分配関数がその行列式を用いて表せることを示した[1,2]．その後，ケニオンによって相関関数もカステレイン行列の小行列式を用いて表せることが指摘された[3,4]．カステレインの方法は2部グラフが平面上あるいはトーラス上に辺が交差しないように描けることを前提としているが，ここでは平面上に描けるグラフの場合のみを紹介する．本章は線形代数とグラフ理論が交錯する多彩な内容の話になる．

1　ダイマー模型の定式化

　2部グラフの上のダイマー模型の定式化を簡単に復習しておこう．2部グラフを $G = (V_1, V_2, E)$ という3つ組で表す．ここで V_1 と V_2 はそれぞれ「白頂点」の集合と「黒頂点」の集合であり，E は辺の集合である．2部グラフであるから，辺は白頂点と黒頂点を結ぶ $e = (w, b)$, $w \in V_1$, $b \in V_2$ という形のものに限られる．さらに，ダイマー模型を考えるため，白頂点と黒頂点の個数は等しい（$|V_1| = |V_2| = N$）とする（図1，次ページ）．頂点が互いに重ならないような辺の集合 $M \subseteq E$ を G の「マッチング」という．特に，すべての頂点を覆う（したがって $|M| = N$ となる）マッチングが「完全マッチング」である（図2，次ページ）．ダイマー模型は完全マッチングを物理的状態（ダイマー配置）とする統計力学的模型であり，G の完全マッチング全体の集合 $\mathcal{M} = \mathcal{M}(G)$

図 1　2 部グラフの例（正方格子）

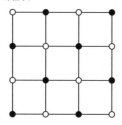

図 2　完全マッチング（太線で示す）の例

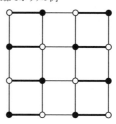

の上に一種の確率空間（統計力学の言葉では「正準集団」）として定式化される.

　$\mathcal{M}$ 上の確率を定義するために, 各辺 e に重み $W(e) > 0$ を指定して, $M \in \mathcal{M}$ の「ボルツマン重み」$W(M)$ を

$$W(M) = \prod_{e \in M} W(e)$$

と定める. このとき M の確率 $\mathbb{P}(M)$ は

$$\mathbb{P}(M) = \frac{W(M)}{Z}$$

で与えられる. この式の分母

$$Z = \sum_{M \in \mathcal{M}} W(M)$$

が「分配函数」である. さらに, 頂点が互いに重ならないような辺の組 $e_1, \cdots, e_m$ に対して, $M \in \mathcal{M}$ がそれらを含む事象

$$\mathcal{M}[e_1, \cdots, e_m] = \{M \in \mathcal{M} | e_1, \cdots, e_m \in M\}$$

の確率

$$C[e_1, \cdots, e_m] = \frac{1}{Z} \sum_{M \in \mathcal{M}[e_1, \cdots, e_m]} W(M)$$

は「相関函数」に相当する. 以下では, これらの統計力学的に重要な量をある行列 K（カステレイン行列）の行列式や小行列式によって表すこ

とを考える.

2 行列式の展開

頂点に適当に番号を割り振って V_1 と V_2 を
$$V_1 = \{w_1, \cdots, w_N\}, \qquad V_2 = \{b_1, \cdots, b_N\}$$
と表す. カステレイン行列 $K = (K_{ij})_{i,j=1}^N$ の行と列はこの番号付けによって白頂点と黒頂点に対応する. その成分は
$$K_{ij} = \begin{cases} \varepsilon_{ij}W(w_i, b_j) & ((w_i, b_j) \in E \text{ のとき}) \\ 0 & ((w_i, b_j) \notin E \text{ のとき}) \end{cases}$$
という形をしている. ここで ε_{ij} は符号因子, すなわち ± 1 のいずれかの値をとる. これらは G の辺 $e = (w_i, b_j) \in E$ ごとに指定されるものであるから, $\varepsilon(e)$ という記号でも表すことにする. これらの符号因子の指定の仕方を説明することがこのあとの数節の目標である.

K の行列式を $1, \cdots, N$ の置換全体(すなわち N 次対称群 S_N)にわたる和として
$$\det K = \sum_{\sigma \in S_N} \operatorname{sgn}(\sigma) K_{1\sigma(1)} \cdots K_{N\sigma(N)}$$
と展開すれば, K_{ij} の定義によって, $(w_i, b_{\sigma(i)}) \; (i = 1, \cdots, N)$ の中に G の辺でないものが含まれる項は 0 になり,
$$M = \{(w_1, b_{\sigma(1)}), \cdots, (w_N, b_{\sigma(N)})\} \tag{1}$$
が G の完全マッチングとなるような項のみが生き残る. この完全マッチングに対して
$$\varepsilon(M) = \prod_{i=1}^N \varepsilon_{i\sigma(i)} = \prod_{e \in M} \varepsilon(e)$$
とおけば, K の行列式は完全マッチング全体にわたる和として
$$\det K = \sum_{M \in \mathcal{M}} \operatorname{sgn}(\sigma)\varepsilon(M)W(M) \tag{2}$$
と表せる. さらに, この表示式において
$$\operatorname{sgn}(\sigma)\varepsilon(M) \text{ は } M \text{ によらず一定値をとる} \tag{3}$$
という条件(**定符号条件**と呼ぶことにする)が満たされれば, この値(当然 ± 1 になる)を総和の外に出すことができて,
$$\det K = \pm \sum_{M \in \mathcal{M}} W(M) = \pm Z \tag{4}$$
となる. 以上のことから次の結論が得られる.

定理1 定符号条件(3)が成立すれば，分配函数は

$$Z = |\det K| \qquad (5)$$

と表せる．

　こうして問題は，G の各辺の符号 $\varepsilon(e)$ をどのように指定すれば(3)が満たされるか，ということに集約される．

3 ■■■ マッチングの回転

　定符号条件(3)が成立する条件を探るために，グラフ理論で「マッチングの回転」として知られる操作を利用する．以下で説明するように，G 上の完全マッチングはこの操作によって互いに移り合う．したがって，$\mathrm{sgn}(\sigma)\varepsilon(M)$ がマッチングの回転によって変化しなければ，定符号条件が成立することになる．

　マッチングの回転を行うには「交互閉路」と呼ばれる特別な種類の閉路を指定する．G が2部グラフであることによって，G の任意の閉路には白頂点と黒頂点が交互に現れるので，全体としては(重複を許して)偶数個の頂点が並ぶ．このことを踏まえて G の閉路 C を

$$C = (v_0, v_1, \cdots, v_{2n-1}, v_0)$$

という形に表そう($v_{2n} = v_0$ とみなす)．マッチング M に属する辺が C に沿って

$$(v_{2i}, v_{2i+1}) \in M, \qquad (v_{2i+1}, v_{2i+2}) \notin M$$

というように1つおきに現れるとき，C は M に関する**交互閉路**であるという．C が M に関する交互閉路であるならば，M から C に含まれる辺を取り除き，そこに C のほかの辺(いずれも M には含まれない)を付け加えれば，新たなマッチング M' が得られる．この改変操作 $M \mapsto M'$ を C による**マッチングの回転**という．実際，M から M' への変化に伴って，C 上ではマッチングの辺が C に沿って回転するように見える(図3)．M から除去する辺と新たに付け加える辺の個数は等しいので，M と M' の辺の個数も等しい．特に，M が完全マッチングならば M' も完全マッチングになる．

　G 上の完全マッチング同士が(一般には複数回の)回転操作によって互いに移り合う，ということは以下のようにしてわかる．M, M' を任意の完全マッチングとする．それらの合併 $M \cup M'$ は1個以上の交互閉

図3 交互閉路に沿ったマッチングの回転

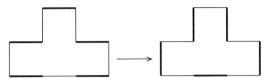

図4 図2とは異なる完全マッチングの例

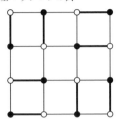

図5 図2と図4の完全マッチングの合併から
現れる交互閉路(2つの完全マッチングの
辺を太線と点線で区別して示す)

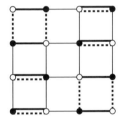

路(互いに交わらない)の組

$$\mathscr{C} = \{C_1, \cdots, C_m\}$$

を定める。たとえば、図2と図4の完全マッチングを合併すれば、図5に示すような交互閉路の組が現れる。前述のようなマッチングの回転の意味を考えれば、M と M' がこれらの交互閉路 $C_1, \cdots, C_m$ による回転を1回ずつ行う(順序は任意でよい)ことによって互いに移り合う、ということは明らかだろう。ちなみに、図5の中には (v_0, v_1, v_0) という形の閉路(1個の辺を往復する)もいくつか見えるが、このような閉路による回転はマッチングを変えないことに注意されたい。

4   定符号条件が成立するための条件

前節で説明したことによって，定符号条件(3)が成立するためには，任意の完全マッチング M とそれに関する任意の交互閉路 C に対して，M を C に沿って回転して得られる完全マッチング M' とそれに(1)のように対応する置換 σ' が

$$\mathrm{sgn}(\sigma)\varepsilon(M) = \mathrm{sgn}(\sigma')\varepsilon(M') \qquad (6)$$

という等式を満たせばよい．この等式が成立するための条件を探ってみよう．

C を

$$C = (w_{i_1}, b_{j_1}, w_{i_2}, b_{j_2}, \cdots, w_{i_n}, b_{j_n}, w_{i_1})$$

と表して，$(w_{i_1}, b_{j_1}), (w_{i_2}, b_{j_2}), \cdots, (w_{i_n}, b_{j_n})$ が M に属するとする．これらの辺を M から除去し，そこに $(w_{i_1}, b_{j_n}), (w_{i_2}, b_{j_1}), \cdots, (w_{i_n}, b_{j_{n-1}})$ を付け加えれば，M' が得られる．

置換と完全マッチングの関係(1)によって，σ と σ' は

$$\sigma = \begin{pmatrix} i_1 & i_2 & \cdots & i_n & \cdots \\ j_1 & j_2 & \cdots & j_n & \cdots \end{pmatrix},$$

$$\sigma' = \begin{pmatrix} i_1 & i_2 & \cdots & i_n & \cdots \\ j_n & j_1 & \cdots & j_{n-1} & \cdots \end{pmatrix}$$

と表せる(通常は上の段に $1, 2, \cdots, N$ をそのまま並べるが，ここでは様子を見やすくするために，$i_1, \cdots, i_n$ とその下の部分を左に寄せて表している)．これから特に，σ と σ' は

$$\sigma = (j_1\ j_2\ \cdots\ j_n)\sigma'$$

という関係で結ばれることがわかる．ここで $(j_1\ j_2\ \cdots\ j_n)$ は n 次の巡回置換

$$(j_1\ j_2\ \cdots\ j_n) = \begin{pmatrix} j_1 & j_2 & \cdots & j_{n-1} & j_n \\ j_2 & j_3 & \cdots & j_n & j_1 \end{pmatrix}$$

である．n 次の巡回置換の符号は $(-1)^{n-1}$ であるから，σ と σ' の符号は

$$\mathrm{sgn}(\sigma) = (-1)^{n-1}\mathrm{sgn}(\sigma')$$

という関係にある．この関係を用いれば，(6)は

$$\varepsilon(M) = (-1)^{n-1}\varepsilon(M') \qquad (7)$$

と言い換えられる．

(7)の右辺の $\varepsilon(M')$ を左辺に移項すれば，マッチングが姿を消して，閉路 C に関する量だけで書かれた等式

$$\varepsilon(C) = (-1)^{|C|/2-1} \qquad\qquad (8)$$

が得られる．ここで $|C|$ は C の道のり（上の設定では $2n$），$\varepsilon(C)$ は C の各辺の符号因子の積，すなわち

$$\varepsilon(C) = \prod_{e \in C} \varepsilon(e)$$

である．この条件が閉路を合併する操作によって保たれること（すなわち，2 つの閉路 C_1, C_2 が(8)を満たせば，その合併も(8)を満たす）に注意されたい．このことは以後の議論で重要な意味をもつ．

以上のことから次の結論が得られる．

定理 2 G の任意の閉路 C が(8)の等式を満たせば，定符号条件(3)が成立する．

この定理の条件は実際にはもっと緩められる．たとえば，1 個の辺を往復するだけの閉路は(8)を常に満たすので，それらや閉路の中でその形をしている部分は無視してよい．特に，同じ辺を 2 度以上通らない閉路（**初等的な閉路**という）に対してのみ(8)を要求すればよい．さらに，初等的な閉路は同じ頂点を 2 度以上通らない閉路（**単純な閉路**という）の合併として表せるので，単純な閉路に対してのみ(8)を要求すればよい．さらに，次節で説明するように，平面的グラフの場合にはグラフの各「面」の境界に対して(8)が成立すれば十分である．

5 分配函数の行列式表示

一般に，グラフは頂点集合と辺集合の組にすぎず，それを図としてどのように描くかは便宜的な問題である．平面上の図形としてグラフを描けば，辺の交差が生じ得る．平面上で辺（曲線として描いてよい）が交差しないように描けるグラフを**平面的グラフ**という．図 1 に示した正方格子や 6 角形を並べた 6 角格子（蜂の巣格子）は平面的であるが，グラフ理論で $K_{3,3}$ という記号で表される 2 部グラフ（図 6，次ページ）は平面上に描く限り辺の交差が避けられない[1]．

平面的グラフにおいては，頂点と辺に加えて「面」が意味をもつ．

---

1) 図 6 をよく見れば気がつくように，$K_{3,3}$ はトーラス上では辺の交差なしに描ける．

図6 $K_{3,3}$ は平面的ではない.

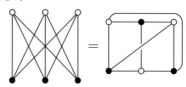

たとえば, 正方格子グラフの面は4角形であり, 6角格子グラフの面は6角形である. 平面的グラフの辺の符号付けが定符号条件(3)を満たすためには, これらの面 F の境界(位相幾何学の記号を用いて ∂F と表そう)が閉路として(8)すなわち

$$\varepsilon(\partial F) = (-1)^{|\partial F|/2-1} \tag{9}$$

を満たせば十分である. 実際, それ以外の閉路 C (前節の最後で注意したように, 単純閉路であるとしてよい)に対する(8)は C の内側の各面 F に対する(9)をすべての F にわたって辺々掛け合われば導けるからである(図7). これらの面の境界の合併は C 以外の部分を含むが, その各辺 (v_0, v_1) は2つの面で挟まれるので, (9)を辺々掛け合わせた等式には2重に(言い換えれば (v_0, v_1, v_0) という閉路として)寄与する. それらは前節の最後で述べた理由によって最終的な結果には残らない.

図7 単純閉路 C が(8)を満たすためには, その内側の各面の境界が(9)を満たせばよい. 2つの面で挟まれた辺(点線部分)は無視できる.

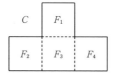

　面が規則的に並ぶグラフでは, (9)を満たすように辺の符号因子を選ぶことは容易である. たとえば, 6角格子では符号因子をすべて $+1$ に選べばよい. 他方, 正方格子では各面の4つの辺の符号因子の積が -1 であれば(9)が成立する. 図8に正方格子の場合の符号の選び方の例を示すが, これ以外の選び方も可能である.

　さらにカステレインは, このように面が規則的に並ぶグラフに限らず, 任意の平面的な2部グラフに対して, (9)(したがって(8))を満たす

図8 正方格子における符号因子の
選び方の例(負符号のみ示す)

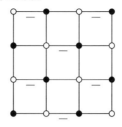

符号因子の指定の仕方が存在することを示した．その証明は面の個数
に関する数学的帰納法による．言い換えれば，1個の面からなるグラ
フ((9)が成立するように各辺の符号因子を指定しておく)から出発し，(9)を保
ちつつ面の個数を増やすことができる，ということを示す．そのため
に，新たに面 F が付け加わるときには，∂F にはまだ符号が決まって
いない辺 e がある，ということに着目する．この辺 e の符号 $\varepsilon(e)$ を
適当に選べば，∂F に対して(9)が成立する．こうして，(9)を維持しな
がらグラフを成長させて，最終的に目標のグラフに到達することがで
きるのである．

こうして次のカステレインの定理が導かれる．

定理3 G が平面的な2部グラフであれば，定符号条件(3)が成立する
ように符号因子 $\varepsilon(e)$ $(e \in E)$ を選べる．そのような符号因子
を用いて行列 K を定めれば，分配函数は(5)のように行列式表
示される．

6　相関函数の行列式表示

$\det K$ の展開から $M \in \mathcal{M}[e_1, \cdots, e_m]$ に対応する項を拾い出せば，そ
れらの総和の絶対値を分配函数で割り算することによって相関函数
$C[e_1, \cdots, e_m]$ が得られる．そこから相関函数の行列式表示が導けるこ
とを説明しよう．

定符号条件(3)が満たされて，分配函数の行列式表示(4)が成立して
いるとする．$e_1, \cdots, e_m$ を
$$e_1 = (w_{i_1}, b_{j_1}), \ \cdots, \ e_m = (w_{i_m}, b_{j_m})$$
と表せば，白頂点と黒頂点の番号の集合

$$I = \{i_1, \cdots, i_m\}, \qquad J = \{j_1, \cdots, j_m\}$$

が決まる．このとき，$e_1, \cdots, e_m$ の番号を適当に付け替えて，単調増加条件

$$i_1 < \cdots < i_m$$

が満たされるようにしておく．

det K の展開

$$\det K = \sum_{\sigma \in S_N} \mathrm{sgn}(\sigma) K_{1\sigma(1)} \cdots K_{N\sigma(N)}$$

の中で

$$\sigma(i_1) = j_1, \quad \cdots, \quad \sigma(i_m) = j_m \tag{10}$$

という条件を満たす項は $e_1, \cdots, e_m$ を含むマッチング $M \in \mathcal{M}$ に対応するか，あるいはマッチングに対応せず 0 になる．したがって，定符号条件(3)が満たされていれば，これらの項の総和

$$\sum_{\sigma \in S_N,\,(10)} \mathrm{sgn}(\sigma) K_{1\sigma(1)} \cdots K_{N\sigma(N)}$$

$$= \left(\prod_{p=1}^{m} K_{i_p j_p} \right) \sum_{\sigma \in S_N,\,(10)} \mathrm{sgn}(\sigma) \prod_{i \in I^c} K_{i\sigma(i)} \tag{11}$$

は $\mathcal{M}[e_1, \cdots, e_m]$ の確率の $\pm Z$ 倍，すなわち $\pm ZC[e_1, \cdots, e_m]$ に等しい．ここで $\pm$ は(4)に現れるものと同じである．また，I^c は I の $\{1, \cdots, N\}$ における補集合

$$I^c = \{1, \cdots, N\} \backslash I$$

を表す．J の $\{1, \cdots, N\}$ における補集合を同様に J^c と表すことにする．

(11)の総和は行列式に符号因子を乗じた形にまとめられる．それを示すために，総和の中の σ を($i_1, \cdots, i_m$ と $j_1, \cdots, j_m$ を左に寄せた形で)

$$\sigma = \begin{pmatrix} i_1 & \cdots & i_m & k_1 & \cdots & k_n \\ j_1 & \cdots & j_m & l_1 & \cdots & l_n \end{pmatrix}$$

と表そう ($n = N - m$)．このとき

$$I^c = \{k_1, \cdots, k_n\}, \qquad J^c = \{l_1, \cdots, l_n\}$$

となることに注意されたい．$i_1, \cdots, i_m$ と同様に，$k_1, \cdots, k_n$ も単調増加条件

$$k_1 < \cdots < k_n$$

を満たすように選んでおく．$l_1, \cdots, l_n$ は J^c の要素を任意の順序に並べ替えた順列になる．したがって，$l_1 < \cdots < l_n$ の場合の σ を(I, J によって決まる[2]という意味で) σ_{IJ} という記号で表せば，一般の場合の σ は J^c 上の置換 $\tau : J^c \to J^c$ ($i \in J$ に対して $\tau(i) = i$ と定めて $1, \cdots, N$ の置換に拡張し

ておく)を用いて

$$\sigma = \tau\sigma_{IJ}$$

と表せる．(11)の右辺の σ に関する総和をこの τ に関する総和に読み替えれば

$$\sum_{\sigma \in S_N,\,(10)} \mathrm{sgn}(\sigma) \prod_{i \in I^c} K_{i\sigma(i)} = \mathrm{sgn}(\sigma_{IJ}) \sum_{\tau} \mathrm{sgn}(\tau) \prod_{i \in I^c} K_{i\tau(\sigma_{IJ}(i))}$$

$$= \mathrm{sgn}(\sigma_{IJ}) \det K_{I^c J^c} \tag{12}$$

と書き直せる．ここで $K_{I^c J^c}$ は K から $I^c \times J^c$ 部分(行の添え字が I^c，列の添え字が J^c に属する)を取り出した $n \times n$ 行列である．ちなみに，(12)は初級の線形代数で学ぶ余因子の一般化になっている．

すでに注意したように

$$(11) = \pm ZC[e_1, \cdots, e_m]$$

であるから，(12)と組み合わせれば

$$ZC[e_1, \cdots, e_m] = \pm \left(\prod_{p=1}^{m} K_{i_p j_p} \right) \mathrm{sgn}(\sigma_{IJ}) \det K_{I^c J^c}$$

という等式が得られる．これと分配函数の行列式表示(5)から次の結論に至る．

定理 4　定符号条件(3)のもとで相関函数は

$$C[e_1, \cdots, e_m] = \left(\prod_{p=1}^{m} W(e_p) \right) \left| \frac{\det K_{I^c J^c}}{\det K} \right| \tag{13}$$

と表せる．

本章では平面的グラフの場合のカステレインの方法を紹介した．カステレイン行列 K はグラフの各辺 e の重み $W(e)$ と符号因子 $\varepsilon(e)$ を用いて定義される．この符号因子をうまく選んで定符号条件(3)を満たすことができれば，分配函数と相関函数が(5)や(13)のように行列式表示できる．マッチングの回転というグラフ理論的概念を利用すれば，この定符号条件をグラフの閉路に関する条件(8)に帰着することができる．そして，平面的グラフの場合には，この条件を満たすように符号因子 $\varepsilon(e)$ を選ぶことができるのである．

---

2)　正確に言えば，I, J の要素の並べ方も関係するので，I, J はここでは集合ではなくて順序も指定した組 $(i_1, \cdots, i_m), (j_1, \cdots, j_m)$ と解釈しなければならない．

参考文献

［1］ P. W. Kasteleyn, *The statistics of dimers on a lattice*: I. *The number of dimer arrangements on a quadratic lattice*, Physica **27** (1961), 1209-1225.

［2］ P. W. Kasteleyn, *Graph theory and crystal physics*, in: F. Harary Ed., *"Graph Theory and Theoretical Physics"* (Academics Press, 1967), 43-110.

［3］ R. Kenyon, *Local statistics of lattice dimers*, Ann. de Inst. H. Poincaré, Probabilités et Statistiques **33** (1997), 591-618.

［4］ R. Kenyon, *Lectures on dimers*, 電子論文. http://archiv.org/abs/0910.3129

第 12 章

有限正方格子上の
ダイマー模型

　本章では**有限正方格子**のダイマー模型の分配函数をカステレイン行列の方法で扱う．前章で説明したように，分配函数はカステレイン行列 K の行列式の絶対値で与えられる．K の行列式の値を求めるには，固有ベクトルを求めて対角化を実行し，そこに現れる固有値を掛け合わせればよい．カステレインは正方格子の場合にこの手続きを実行して分配函数を求めた[1]．正確に言えば，そこで用いられたのは前章で説明した K ではなくて，それを縦横が倍のサイズに膨らませた行列 $\widetilde{K}$（K とは $|\det \widetilde{K}| = |\det K|^2$ という関係にある）である．$\widetilde{K}$ を用いれば，固有ベクトルを全頂点集合 V の上で定義された固有函数として扱うことができて，計算の見通しがよくなるのである．さらに，ケニオンは $K, \widetilde{K}$ を少し修正した行列 $\mathcal{K}, \widetilde{\mathcal{K}}$ を用いて，対角化の手間を軽減した[2]．

　以下では，準備運動として $2 \times n$ 格子の場合（例外的に簡単になる）を論じた後に，$\widetilde{K}$ や $\widetilde{\mathcal{K}}$ の構成と意味を説明し，$\widetilde{\mathcal{K}}$ を用いて $2m \times 2n$ 格子の場合の分配函数を求める．

1 ■ $2 \times n$ 格子の場合

　手始めに，$2 \times n$ の正方格子グラフ $G_{2,n}$ において，縦辺と横辺の重みをそれぞれ a, b（ともに正数）とするダイマー模型を考える（図1，次ページ）．その分配函数，すなわち，$G_{2,n}$ 上のすべてのダイマー配置 $M \in \mathcal{M}(G_{2,n})$ にわたる重み

$$W(M) = \prod_{e \in M} W(e)$$

の総和を $Z_{2,n}$ と表そう:

$$Z_{2,n} = \sum_{M \in \mathcal{M}(G_{2,n})} W(M)$$

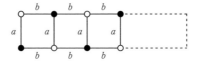

後述の簡単な考察から,分配函数は n について

$$Z_{2,n} = aZ_{2,n-1} + b^2 Z_{2,n-2} \qquad (1)$$

という漸化式を満たすことがわかる.したがって,$n=1,2$ の場合の値

$$Z_{2,1} = a, \qquad Z_{2,2} = a^2 + b^2$$

から出発して(あるいは $n=0$ の場合の値を

$$Z_{2,0} = 1$$

と定めてもよい),順次 $Z_{2,n}$ を求めることができる.特に $a=b=1$ の場合には,$Z_{2,n}$ は**フィボナッチ数列**にほかならない.

(1)が成立することを示すには,格子の右端の状況に注目すればよい.ダイマー配置は右端の縦辺にダイマーが置かれているか,そうでない(したがって右端の 2×2 部分の横辺にダイマーが置かれている)かの2通りの場合に分かれる(図2).前者では,右端の縦辺を除いた残りの $2 \times (n-1)$ の格子に任意のダイマー配置が許されるので,ダイマー配置の重みの総和は $Z_{2,n-1} \times a$ となる.後者では,右端の 2×2 の部分を除いた残りの $2 \times (n-2)$ の格子に任意のダイマー配置が許されるので,ダイマー配置の重みの総和は $Z_{2,n-2} \times b^2$ となる.$Z_{2,n}$ はこれらの

図2 ダイマー配置は右端の縦辺にダイマーがある場合(上)
とそうでない場合(下)に分かれる.

総和に等しいので，(1)が成立する．

<h2>2 $2 \times n$ 格子に対する行列 K</h2>

一般の 2 部グラフ $G = (V_1, V_2, E)$ ($|V_1| = |V_2| = N$) に対して，白頂点全体を $w_1, \cdots, w_N$，黒頂点全体を $b_1, \cdots, b_N$ というように表すとき，$K = (K_{ij})_{i,j=1}^{N}$ は

$$K_{ij} = \begin{cases} \varepsilon_{ij} W_{ij} & ((w_i, b_j) \in E \text{ のとき}) \\ 0 & ((w_i, b_j) \notin E \text{ のとき}) \end{cases}$$

という成分をもつ行列である．ここで ε_{ij} と W_{ij} はそれぞれ辺 $e = (w_i, b_j)$ の符号因子 $\varepsilon(e)$ と重み $W(e)$ を表す．

$G_{2,n}$ に対する行列 K を定めるため，白頂点と黒頂点に左から順に $1, 2, \cdots, n$ と番号を割り振る．白頂点の番号との区別が必要ならば，黒頂点の番号を $\overline{1}, \cdots, \overline{n}$ というように上線付きで表すとよい．さらに，符号因子 $\varepsilon(e)$ として白頂点 i と黒頂点 $\overline{i+1}$ を結ぶ辺に -1 を，それ以外の辺には $+1$ を割り振る(図3)．これによって，前章で紹介した分配函数の行列式表示が成立するための十分条件(今の場合には，正方形をした各面の境界に沿って負符号が奇数個現れる，という条件になる)が満たされる．K は

$$K = \begin{pmatrix} a & -b & 0 & \cdots & 0 \\ b & a & -b & \ddots & \vdots \\ 0 & \ddots & \ddots & \ddots & 0 \\ \vdots & \ddots & b & a & -b \\ 0 & \cdots & 0 & b & a \end{pmatrix} \tag{2}$$

という形の $n \times n$ 行列になる．

図3   符号因子の指定の仕方(負符号のみ示す)

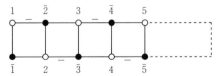

この行列は **3 重対角行列**と呼ばれる特殊な形をしている．n についての依存性を明示して K_n と表すことにすれば，K_n の行列式を最後の列で余因子展開することによって

$$\det K_n = a\det(K_{n-1}) + b^2\det(K_{n-2})$$

という等式が得られる．これは $Z_{2,n}$ の漸化式(1)そのものである．こうしてカステレイン行列の立場からも，$Z_{2,n}$ に対して漸化式が成立することがわかる．フィボナッチ数列の場合にならえば，漸化式の**特性方程式**

$$\zeta^2 = a\zeta + b^2$$

の解を用いて分配函数 $Z_{2,n}$ を表示することもできるが，ここではこれ以上追求しない．ただし，特性方程式の解を用いて漸化式を解く方法はこの後も別の形で活躍する．

3 ■ 対角化によって K の行列式を求めること

固有ベクトルを求めて対角化することができれば，固有値の積として行列式の値が求められる．後の議論のひな形として，(2)の K の場合にこの方法を紹介しておこう．

K の固有ベクトルを求めるには，問題を**差分方程式**に翻訳しておくと都合がよい．K のベクトル $\boldsymbol{\phi} = (\phi_i)_{i=1}^n$ への作用を成分で表せば

$$(K\boldsymbol{\phi})_i = b\phi_{i-1} + a\phi_i - b\phi_{i+1}$$

となる．ただし，ベクトルの添え字 i が $1, \cdots, n$ の範囲を外れるときには $\phi_i = 0$ と解釈する．こうして，K の固有値問題は

$$b\phi_{i-1} + a\phi_i - b\phi_{i+1} = \lambda\phi_i \tag{3}$$

という差分方程式に対して

$$\phi_0 = 0, \qquad \phi_{n+1} = 0 \tag{4}$$

という境界条件を課すときの固有値問題に帰着する．これは微分方程式に関する固有値問題の**差分類似**あるいは**離散類似**とみなせる．固有ベクトルの成分 ϕ_i は**固有函数**と解釈される．(4)は微分方程式を有限区間で考えるときの**ディリクレ**(Dirichlet)**境界条件**に相当する．

この固有値問題を考えるには，K の対角線の上側の $-b$ をすべて b に置き換えた行列 L（実対称行列になる）に対する固有値問題が参考になる．L に対して(3)に相当するのは

$$b\phi_{i-1} + a\phi_i + b\phi_{i+1} = \lambda\phi_i \tag{5}$$

という差分方程式であるが，これは

$$L = b\frac{d^2}{dx^2} + c$$

という微分作用素（1次元の**ラプラス**(Laplace)**作用素**を定数 b, c で修正したも

の）の固有値問題の離散類似とみなせる[1]．その場合の固有値問題の解法にならえば，固有函数は「指数函数解」$\zeta^{\pm i}$ の定数係数線形結合（係数を C_1, C_2 と表す）として

$$\phi_i = C_1\zeta^i + C_2\zeta^{-i} \tag{6}$$

という形で求められる（未定乗数 ζ は境界条件で決まる）と期待される．実際，$\zeta^{\pm 1}$ に共通の特性方程式

$$a + b(\zeta + \zeta^{-1}) = \lambda \tag{7}$$

が成立すれば，ϕ_i は(5)を満たす．(4)と同じ境界条件に(6)を代入すれば

$$C_1 + C_2 = 0, \qquad C_1\zeta^{n+1} + C_2\zeta^{-n-1} = 0$$

となるので，C_1, C_2 に対する条件 $C_1 + C_2 = 0$ と ζ に対する条件

$$\zeta^{2n+2} = 1$$

が生じる．これらが成立すれば ϕ_i は固有函数になり，対応する固有値は(7)で決まることになる．ζ（要するに 1 の $2n+2$ 乗根である）を

$$\zeta = \exp\left(\frac{\pi\sqrt{-1}\,k}{n+1}\right) \qquad (k \in \mathbb{Z})$$

と表せば[2]，対応する固有函数（$\phi_i^{(k)}$ と表す）として

$$\phi_i^{(k)} = \sin\frac{\pi k i}{n+1}$$

が得られる（$C_1 = (2\sqrt{-1})^{-1}$ と選んだ）．周期性などを考慮すれば，線形独立な固有函数の組として $\phi_i^{(1)}, \cdots, \phi_i^{(n)}$ が選べるが，これはちょうど対角化に必要な個数に一致している．それらの固有値[3]は

$$\lambda_k = a + 2b\cos\frac{\pi k}{n+1}$$

となる．L の行列式はこれらの固有値の積として

$$\det L = \prod_{k=1}^{n}\left(a + 2b\cos\frac{\pi k}{n+1}\right)$$

と表せる．

　K の場合には，以上の手続きは若干の修正を要する．すなわち，固有函数は

1）　ラプラス作用素（**ラプラシアン**とも呼ばれる）とその離散類似を幾何学的な観点から一般的に解説している和書として，浦川の本[3]を掲げておく．

2）　$\sqrt{-1}$ を i と書きたいところだが，添え字の i と重なるので $\sqrt{-1}$ のままで我慢する．

3）　L が実対称行列だから，固有値はすべて実数のはずである．

$$\phi_i = C_1(\sqrt{-1}\,\xi)^i + C_2(\sqrt{-1}\,\xi^{-1})^i \qquad\qquad (8)$$

という形に仮定される．$\sqrt{-1}\,\xi^{\pm 1}$ に対する特性方程式は共通の形

$$a - \sqrt{-1}\,b(\xi + \xi^{-1}) = \lambda \qquad\qquad (9)$$

になり，それが成立すれば(8)は(3)を満たす．境界条件(4)から C_1, C_2 に対する条件 $C_1 + C_2 = 0$ と ξ に対する条件

$$\xi^{2n+2} = 1$$

が生じる．したがって ξ は L の場合の ζ と同様に

$$\xi = \exp\left(\frac{\pi\sqrt{-1}\,k}{n+1}\right) \qquad (k \in \mathbb{Z})$$

で与えられる．対応する固有函数の固有値は(9)で決まる．こうして最終的に n 個の固有函数

$$\phi_i^{(k)} = (\sqrt{-1})^i \sin\frac{\pi k i}{n+1}$$

とそれらの固有値

$$\lambda_k = a - 2\sqrt{-1}\,b\cos\frac{\pi k}{n+1}$$

$(k = 1, \cdots, n)$ が得られる．K の行列式はこれらの固有値の積として

$$\det K = \prod_{k=1}^{n}\left(a - 2\sqrt{-1}\,b\cos\frac{\pi k}{n+1}\right)$$

と表せる．

　ちなみに，(8)から予想できるように，ϕ_i から

$$\phi_i = (-\sqrt{-1})^i \psi_i$$

という変数変換(後の話との関係で，$\sqrt{-1}$ の代わりに $-\sqrt{-1}$ を考える)によって ψ_i に乗り換える方が議論が簡単になる．実際，ψ_i に対する差分方程式は

$$b\sqrt{-1}\,\psi_{i-1} + a\psi_i + b\sqrt{-1}\,\psi_{i+1} = \lambda\psi_i$$

となり，対応する行列 $\mathcal{K}$ は K において対角線の上下の $\pm b$ を $b\sqrt{-1}$ に置き換えた複素対称行列である．$\mathcal{K}$ の固有函数は L の場合と同様の形

$$\psi_i = C_1\xi^i + C_2\xi^{-i}$$

で求められる．じつはこの置き換え $K \to \mathcal{K}$ がケニオン[2]によるカステレイン行列の修正に相当する．

4　一般のサイズの格子の場合

　前節の方法をそのまま一般の $m \times n$ 正方格子グラフ $G_{m,n}$ (ただし，ダ

イマー配置が存在するためには，m, n の少なくとも一方が偶数でなければならない)に拡張することは難しい．その明らかな理由は K が一般には(2)のような「きれいな」形をしていないことにある．(2)の形は $G_{2,n}$ が本質的に「1次元的」であることと関係している．また，K を定義するには白頂点と黒頂点に番号を割り振っておく必要があるが，$G_{2,n}$ の場合に話を限っても，(2)は特定の番号付けに対する表示であり，番号付けを変えればこの形も崩れる[4]．一般の $G_{m,n}$ の場合には，対角化を容易にするような K の表示は知られていない．

カステレイン[1]は K の代わりに

$$\widetilde{K} = \begin{pmatrix} 0 & K \\ -{}^t K & 0 \end{pmatrix} \tag{10}$$

という $2N \times 2N$ 行列($N = mn/2$)を用いて分配関数を計算した．これは反対称行列であり，パフ式 $\mathrm{Pf}\,\widetilde{K}$ が考えられる[5]．カステレインはもともと分配関数をこのパフ式によって

$$Z = |\mathrm{Pf}\,\widetilde{K}|$$

と表示したのだが，実際の計算では行列式による表示

$$Z = |\det \widetilde{K}|^{1/2}$$

を用いた．

K の行と列がそれぞれ白頂点と黒頂点に対応するのに対して，$\widetilde{K}$ の行と列は $G_{m,n}$ の全頂点に対応する．すなわち，行と列の番号 $1, \cdots, 2N$ のうち前半の $1, \cdots, N$ は白頂点 $w_1, \cdots, w_N$ を，後半の $N+1, \cdots, 2N$ は黒頂点 $b_1, \cdots, b_N$ を表す．このように見れば，$\widetilde{K}$ は $G_{m,n}$ の**隣接行列**と似ているということがわかる．

隣接行列は任意のグラフ $G = (V, E)$ に対して定義される．行と列の添え字を頂点そのもので表せば，その成分 A_{uv} ($u, v \in V$) は

$$A_{uv} = \begin{cases} 1 & ((u,v) \in E \text{ のとき}) \\ 0 & ((u,v) \notin E \text{ のとき}) \end{cases}$$

と定義される．G が2部グラフ $G = (V_1, V_2, E)$ の場合には，白頂点を先に，黒頂点を後に並べることによって，A は

$$A = \begin{pmatrix} 0 & A_{12} \\ A_{21} & 0 \end{pmatrix}$$

というブロック構造をもつ．ここで，A_{12} は $|V_1| \times |V_2|$ 行列，A_{21} は

---

4) もとの行列と相似ではあるので，行列式の値は変わらない．
5) 一言で言えば，$\mathrm{Pf}\,\widetilde{K}$ は $\det \widetilde{K}$ の平方根である．

$|V_2| \times |V_1|$ 行列であり，$A_{21} = {}^t A_{12}$ という関係にある．

$\widetilde{K}$ は隣接行列の成分に重みと符号因子を付けたものとみなせる．その意味で，$\widetilde{K}$ にはグラフの構造がそのまま反映されている．カステレインはそれを利用して $\widetilde{K}$ の対角化を行った．

ケニオン[2]は

$$\widetilde{\mathcal{K}} = \begin{pmatrix} 0 & \mathcal{K} \\ {}^t\mathcal{K} & 0 \end{pmatrix} \tag{11}$$

という形の複素対称行列を導入して，カステレインの計算を簡単化した[6]．ここで $\mathcal{K}$ は K の定義における辺の符号因子 $\varepsilon(e)$ を

$$\eta(e) = \begin{cases} 1 & (e \text{ が縦辺のとき}) \\ \sqrt{-1} & (e \text{ が横辺のとき}) \end{cases}$$

という虚数因子[7]に置き換えて得られる行列である．$G_{2,n}$ の場合に一見便宜的に導入した $\mathcal{K}$ はこの一般的な定義の特別な場合になっている．正方格子の各面の境界に沿って $\eta(e)$ を掛け合わせたものは $\varepsilon(e)$ の場合と同様に -1 に等しいので，前章の議論は $\varepsilon(e)$ をこの $\eta(e)$ に置き換えてもそのまま通用する．したがって

$$Z = |\det \mathcal{K}|$$

という等式が成立する．さらに，$\widetilde{\mathcal{K}}$ のブロック構造を考慮すれば，これは

$$Z = |\det \widetilde{\mathcal{K}}|^{1/2}$$

と書き直せる．こうして問題は $\det \widetilde{\mathcal{K}}$ の計算に帰着する．$\widetilde{\mathcal{K}}$ は隣接行列の成分に重みと虚数因子を付けたものだが，次節で説明するように，その固有ベクトルは前節の方法を「2次元的」に拡張することによって求められる．

5　$2m \times 2n$ 格子の分配函数を求めること

ここでは，$G_{2m,2n}$ の場合に話を限定して，$\widetilde{\mathcal{K}}$ の対角化による分配函数 $Z_{2m,2n}$ の計算を紹介する．

まず設定を明確にしておく．$G_{2,n}$ の場合と同様に，縦辺と横辺の重みをそれぞれ a, b とする．行列の成分を表すときのように，$4mn$ 個の頂点を (i, j) $(i = 1, \cdots, 2m, \ j = 1, \cdots, 2n)$ という正整数の組で指定する（図4）．$\widetilde{\mathcal{K}}$ の行と列はそれぞれが (i, j) と (k, l) という正整数の組で指定されるので，$\widetilde{\mathcal{K}}$ の成分は K_{ijkl} というように4個の添え字をもつ一種の**テンソル**である．それが作用する列ベクトル $\boldsymbol{\psi}$ の成分は ψ_{ij} と

図4 $G_{2m,2n}$ の頂点を整数の組 (i,j) で指定する

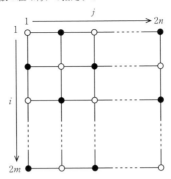

いうように2個の添え字をもつ(これを行列の成分と混同してはならない).

　グラフの各頂点 (i,j) は上下の頂点 $(i\pm1,j)$ ならびに左右の頂点 $(i,j\pm1)$ と隣接している(図5). 縦辺には重み a, 横辺には重み b と虚数因子 $\sqrt{-1}$ が与えられているので, $\widetilde{\mathcal{H}}\boldsymbol{\psi}$ の成分は

$$(\widetilde{\mathcal{H}}\boldsymbol{\psi})_{i,j} = a(\psi_{i+1,j}+\psi_{i-1,j})+b\sqrt{-1}\,(\psi_{i,j+1}+\psi_{i,j-1})$$

と表せる. ただし, $(i\pm1,j),(i,j\pm1)$ が範囲外にはみ出すときには $\psi_{i\pm1,j}=0$, $\psi_{i,j\pm1}=0$ と解釈する.

図5 頂点 (i,j) と隣接する頂点

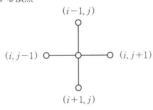

　こうして $\widetilde{\mathcal{H}}$ の固有値問題は2次元的差分方程式

$$a(\psi_{i+1,j}+\psi_{i-1,j})+b\sqrt{-1}\,(\psi_{i,j+1}+\psi_{i,j-1}) = \lambda\psi_{i,j}$$

---

6)　さらに, 興味深い副産物として, ケニオンは $\widetilde{\mathcal{H}}$ の表す差分作用素を**コーシー–リーマン**(Cauchy-Riemann)**作用素**の類似物とみなして, 複素解析の離散類似を考察している.

7)　正確に言えば, ケニオンは論文[2]では上の虚数因子を符号因子で修正したものを用いた. その後の論文や解説[4]では上の虚数因子に統一している.

をディリクレ境界条件

$$\psi_{0,j} = \psi_{2m+1,j} = 0, \qquad \psi_{i,0} = \psi_{i,2n+1} = 0$$

のもとで解くことに帰着する．微分方程式の場合には，この問題の解は**変数分離法**で求めることができる．

　今の場合には，変数分離法は解を

$$\psi_{i,j} = u_i v_j$$

という形で求めることを意味する．これを上の差分方程式と境界条件に代入すれば，u_i, v_j がそれぞれ

$$a(u_{i+1} + u_{i-1}) = \mu u_i, \qquad u_0 = u_{2m+1} = 0 \tag{12}$$

ならびに

$$b\sqrt{-1}\,(v_{j+1} + v_{j-1}) = \nu v_j, \qquad v_0 = v_{2n+1} = 0 \tag{13}$$

を満たすとき $\psi_{i,j}$ は求める固有関数であり，その固有値は和の形

$$\lambda = \mu + \nu$$

で得られる，ということがわかる．(12)と(13)は $G_{2,n}$ の場合に出会った固有値問題(特に L の場合)と同様に扱える．

　この計算を最後まで実行すれば，対角化に必要な $4mn$ 個の線形独立な固有関数として

$$\psi_{i,j}^{(k,l)} = \sin\frac{\pi k i}{2m+1} \cdot \sin\frac{\pi l j}{2n+1}$$

$(k = 1, \cdots, 2m,\ l = 1, \cdots, 2n)$ が得られる．また，それらの固有値は

$$\lambda_{k,l} = 2a\cos\frac{\pi k}{2m+1} + 2b\sqrt{-1}\cos\frac{\pi l}{2n+1}$$

となる．$\widetilde{\mathcal{K}}$ の行列式は固有値の積として

$$\det\widetilde{\mathcal{K}} = \prod_{k=1}^{2m}\prod_{l=1}^{2n}\lambda_{k,l}$$

と表せるわけだが，$\lambda_{k,l}$ と $\lambda_{k,2n+1-l}$ は互いに複素共役であり，それらの積は

$$\lambda_{k,l}\lambda_{k,2n+1-l} = 4a^2\cos^2\frac{\pi k}{2m+1} + 4b^2\cos^2\frac{\pi l}{2n+1} \tag{14}$$

となる．これは $k \to 2m+1-k$ という置き換えについて対称なので，$k = 1, \cdots, 2m$ にわたる積は $k = 1, \cdots, m$ にわたる積を 2 乗したものになる．こうして $\widetilde{\mathcal{K}}$ の行列式は最終的に

$$\det\widetilde{\mathcal{K}} = \prod_{k=1}^{m}\prod_{l=1}^{n}\left(4a^2\cos^2\frac{\pi k}{2m+1} + 4b^2\cos^2\frac{\pi l}{2n+1}\right)^2$$

と表せる．

　前節の最後に注意したように，分配関数はこの行列式(明らかに正の

実数である)の平方根で与えられる．こうして，第10章で予告した公式

$$Z_{2m,2n} = \prod_{k=1}^{m} \prod_{l=1}^{n} \left(4a^2 \cos^2 \frac{\pi k}{2m+1} + 4b^2 \cos^2 \frac{\pi l}{2n+1} \right) \tag{15}$$

が得られる．

　一般の $G_{m,n}$ (m,n の少なくとも一方は偶数とする)の場合にも，以上の方法によって分配函数の表示公式

$$Z_{m,n} = \left| \prod_{k=1}^{m} \prod_{l=1}^{n} \left(2a \cos \frac{\pi k}{m+1} + 2\sqrt{-1}\, b \cos \frac{\pi l}{n+1} \right) \right|^{1/2}$$

が得られる．m,n の偶奇に応じてこれを(15)のように書き直すこともできる．細部を確かめることは読者に任せよう．

　本章ではカステレイン行列の方法を有限正方格子に適用した．そのひな形として，まず $2 \times n$ 格子 $G_{2,n}$ の場合の分配函数を(2)の行列の対角化によって求めた．この方法を一般の $m \times n$ 格子 $G_{m,n}$ にそのまま適用することは難しいが，カステレインやケニオンが用いた(10)，(11)の行列を用いれば，同様の取り扱いが可能になる．実際に，$G_{2m,2n}$ の場合を例に選んで(11)の行列の対角化を実行し，分配函数の表示公式(15)が得られることを示した．

参考文献

[1] P. W. Kasteleyn, *The statistics of dimers on a lattice*: I. *The number of dimer arrangements on a quadratic lattice*, Physica **27** (1961), 1209-1225.

[2] R. Kenyon, *Conformal invariance of domino tiling*, Ann. Probab. **28** (2000), 759-795.

[3] 浦川肇『ラプラス作用素とネットワーク』(裳華房，1996).

[4] R. Kenyon, *Lectures on dimers*, 電子論文．http://archiv.org/abs/0910.3129

第13章

パフ式とその使い方

　これからグラフ理論における数え上げの話の後半に入る．本章ではそこへのつなぎの話題として，これまで何度か言及した**パフ式**(Pfaffian)について，その定義と基本的な性質を説明し，応用としてダイマー模型の分配函数のパフ式表示[1, 2]を紹介する．また，非交差経路和に対する LGV 公式のパフ式類似[3]にも触れる．

　パフ式は初級の線形代数では取り上げられないが，じつは行列式と並んで基本的なものである．ここでは立ち入る余裕がないが，本書と直接に関わる話題として，シューア函数の兄弟というべき**シューアの Q 函数**のパフ式表示[3]や古典リー群の表現論や組合せ論への応用[4]などもある．さらに，これらとも密接に関連する話として，イジング模型[5]やソリトン方程式[6]においてもパフ式は基本的な役割を演じる．

1 　パフ式とは何か

　パフ式は偶数次の反対称行列(交代行列)に対して定義される．$2n \times 2n$ 反対称行列 $A = (a_{ij})_{i,j=1}^{2n}$ のパフ式 $\mathrm{Pf}\, A$ は

$$\mathrm{Pf}\, A = \sum_{\pi \in F_{2n}} \mathrm{sgn}(\pi) \prod_{i=1}^{n} a_{\pi(2i-1)\,\pi(2i)} \tag{1}$$

という総和で与えられる．ここで F_{2n} は $1, 2, \cdots, 2n-1, 2n$ の上の置換 π で

$$\begin{aligned} &\pi(2i-1) < \pi(2i) \qquad (i = 1, \cdots, n), \\ &\pi(1) < \pi(3) < \cdots < \pi(2n-1) \end{aligned} \tag{2}$$

という条件を満たすもの全体の集合を表す．この定義に従えば必然的に $\pi(1)=1$ となることに注意されたい．実際には，F_{2n} の要素を置換とみなすよりも

$$\pi = (\pi(1), \pi(2), \cdots, \pi(2n-1), \pi(2n))$$

というように順列として扱う方が便利である．この意味で，たとえば，F_4 は3個の要素

$$(1,2,3,4), \quad (1,3,2,4), \quad (1,4,2,3)$$

からなる．それぞれの符号は $+1, -1, +1$ であるから，4×4 反対称行列のパフ式は

$$\text{Pf } A = a_{12}a_{34} - a_{13}a_{24} + a_{14}a_{23}$$

と表せる．パフ式は行列 A の上三角部分 $(a_{ij})_{1 \leq i < j \leq 2n}$ で決まるので，場合によっては $\text{Pf}(a_{ij})_{1 \leq i < j \leq 2n}$ という記法も用いることにする．

(1)からわかるように，F_{2n} の要素 π は $1, \cdots, 2n$ を n 個の対

$$(\pi(1), \pi(2)), \cdots, (\pi(2n-1), \pi(2n))$$

に組むこと[1]を表している．そこでは対の並べ方や各対における数の並べ方は区別されない．そこで，標準的な並べ方として，各対の左側を右側より小さく選び，n 個の対を左側の数が小さい順に並べることにする．これが条件(2)の意味である．(1)においてこの条件を外して π を一般の置換 $\sigma \in S_{2n}$ に置き換えれば，各項は $2^n n!$ 回重複して現れる(これは A の反対称性からの帰結である)ので，(1)は

$$\text{Pf } A = \frac{1}{2^n n!} \sum_{\sigma \in S_{2n}} \text{sgn}(\sigma) \prod_{i=1}^{n} a_{\sigma(2i-1)\sigma(2i)} \tag{3}$$

という形にも表せる．

(3)から，行列式と同様に，パフ式も**外積代数**[2]によって扱えることがわかる．すなわち，n 個の要素 $e_1, \cdots, e_{2n}$ を基底とする線形空間 V の外積代数 $\Lambda(V)$ において**反対称形式**

$$\omega = \frac{1}{2} \sum_{i,j=1}^{2n} a_{ij} e_i \wedge e_j = \sum_{i<j} a_{ij} e_i \wedge e_j$$

を考えれば，(3)は ω の n 重外積

---

1) 「対に組むこと」を英語に翻訳すれば pairing になる．この節では記号の使い方をステンブリッジの論文[3]にならっているのだが，そこで用いられている π という記号はおそらく pairing の最初の文字 p に由来するのだろう．

2) 外積代数になじみのない読者は高次の微分形式(外微分形式)における計算規則 $dx_j \wedge dx_i = -dx_i \wedge dx_j$, $dx_i \wedge dx_i = 0$ を思い出されたい．外微分形式は外積代数の応用である．

$$\omega^n = \underbrace{\omega \wedge \cdots \wedge \omega}_{n}$$

が次のように表せることを意味する：

$$\omega^n = \frac{1}{n!}\operatorname{Pf} A\, e_1 \wedge \cdots \wedge e_{2n}. \tag{4}$$

$1, \cdots, 2n$ をグラフの頂点の番号と解釈すれば，F_{2n} の要素は $2n$ 個の頂点をもつ**完全グラフ** K_{2n} の完全マッチングとみなすこともできる．「完全グラフ」とは，各頂点が他のすべての頂点と辺で結ばれているグラフのことである．たとえば F_4 の 3 個の要素は図 1 に示す K_4 の 3 通りの完全マッチングに対応する．カステレインはダイマー模型の分配関数をパフ式によって表示したのだが[1, 2]，もともとパフ式の定義自体がこのような意味で完全マッチングと関係しているのである．

図 1 K_4（上段）とその完全マッチング（下段）

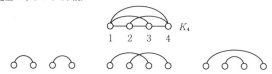

ちなみに，同様の意味で，$n \times n$ 行列 $B = (b_{ij})_{i,j=1}^{n}$ の行列式の定義

$$\det B = \sum_{\sigma \in S_n} \operatorname{sgn}(\sigma) \prod_{i=1}^{n} b_{i\sigma(i)}$$

における置換 σ は n 個の白頂点と n 個の黒頂点を n^2 本の辺で結んだ**完全 2 部グラフ** $K_{n,n}$ の完全マッチングとみなせる（図 2）．このように，行列式の定義は 2 部グラフの完全マッチングと関係している．

図 2 $K_{3,3}$（上段）とその完全マッチング（下段）

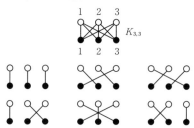

---

2 パフ式の基本的性質

パフ式に関する基本的な公式をいくつか紹介しておこう．以下，A は任意の $2n \times 2n$ 反対称行列とする：

（ i ） $(\operatorname{Pf} A)^2 = \det A$.

（ ii ） 任意の $n \times n$ 行列 B に対して $\operatorname{Pf}\begin{pmatrix} 0 & B \\ -{}^t\!B & 0 \end{pmatrix} = (-1)^{n(n-1)/2} \det B$.

（ iii ） 任意の $n \times n$ 行列 T に対して $\operatorname{Pf}({}^t\!TAT) = \det(T)\operatorname{Pf}(A)$.

（ iv ） A から i, j 行と i, j 列を除去して得られる行列を $A^{(ij)}$ と表すとき $\operatorname{Pf} A = \sum\limits_{j=2}^{2n} (-1)^j a_{1j} \operatorname{Pf} A^{(1j)}$.

（ v ） $\operatorname{Pf}(1)_{1 \le i < j \le 2n} = 1$.

(i)と(ii)は行列式とパフ式の関係を示している．特に，(i)はパフ式が行列式の平方根であることを意味する．(iii), (iv), (v)はそれぞれ，行列式における積公式(コーシー–ビネ公式の特別な場合)，余因子展開，単位行列に対する値の公式に相当する．(iii)を T が置換行列(各列各行において1か所だけ1が現れて，他の成分は0になる)の場合に適用すれば，行と列の同時置換に関する反対称性が従う．それと(iv)を組み合わせれば，第 i 行の成分 a_{ij} $(j = 1, \cdots, 2n)$ に関する展開公式も得られる．

これらの公式の証明については，広田の本[6]や岡田の本[7]の付録などを参照されたい．カステレインの論文[2]やステンブリッジの論文[3]も参考になる．

実際には，(iv)と(v)は素朴なやり方で確かめられる．(iv)を導くには $\operatorname{Pf} A$ の定義式(1)から a_{1j} を含む項を取り出してみればよい．a_{1j} を含む項は $\pi(2) = j$ となる(言い換えれば

$$\pi = (1, j, \pi(3), \cdots, \pi(2n))$$

と表せる)ような π に伴って現れる．π から最初の $1, j$ を除去した順列

$$\pi' = (\pi(3), \cdots, \pi(2n))$$

は $2, \cdots, j-1, j+1, \cdots, 2n$ を $n-1$ 個の対に組むものになっている．これを用いれば，a_{1j} をくくり出した後の項は

$$(-1)^j \operatorname{sgn}(\pi') \prod_{i=2}^{n} a_{\pi'(2i-1)\pi'(2i)}$$

と表すことができる．これらを π' に関して総和すれば $(-1)^j \operatorname{Pf}(A^{(1j)})$ になる．こうして(iv)の等式が得られる．(iv)を用いれば，(v)は n に関する帰納法によって容易に確かめられる．

他方，(i)，(ii)，(iii)を示すには多少の技巧が必要になる．ひとつの方法は(4)のように外積代数を利用するものである(岡田の本[7]はこの方法を採用している)．また，組合せ論的な証明も知られている(カステレインの論文[2]やステンブリッジの論文[3]に紹介されている)．これらはいずれも興味深いものだが，ここではページ数の関係で説明を割愛する．

3 ダイマー模型への応用

カステレインはダイマー模型の分配函数をパフ式によって表示し，その値を計算する際に行列式を用いた[1, 2]．前々章で紹介した行列式表示と違って，このパフ式表示は2部グラフ以外のグラフに対するダイマー模型も扱うことができる．そのようなダイマー模型の定式化から話を始めよう．

一般のグラフ $G = (V, E)$ の場合も，ダイマー配置は完全マッチング(すなわち，互いに頂点を共有しない辺の集合 $M \subset E$ で，G のすべての頂点がそこに含まれているもの)として表現される．G の完全マッチング全体の集合を $\mathcal{M}(G)$(略して $\mathcal{M}$)という記号で表そう．

頂点の総数が奇数のグラフには完全マッチングが存在しないので，以下では V は偶数個の頂点からなる，すなわち $|V| = 2N$ とする．たとえば，図3に示したグラフは2部グラフではないが，完全マッチングが存在するので，ダイマー模型を考えることができる．

図3 2部グラフでないグラフの完全マッチングの例(マッチングの辺を太線で示す)

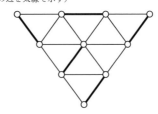

さらに，V を具体的に
$$V = \{v_1, \cdots, v_{2N}\}$$
と表しておく．これはすべての頂点に番号を割り振るということでもある．これによって G はパフ式の定義(1)の解釈で用いた完全グラフ

K_{2N} に部分グラフとして埋め込まれ，G の任意の完全マッチングは F_{2N} のある要素 π（M によって一意的に定まる）によって

$$M = \{(v_{\pi(2i-1)}, v_{\pi(2i)}) \mid i = 1, \cdots, N\} \tag{5}$$

と表せる．あとで説明するように，この対応 $M \mapsto \pi$（M の F_{2N} への埋め込みを与える）が分配函数のパフ式表示への鍵となる．

各辺 $e \in E$ に重み $W(e) > 0$ を指定すれば，ダイマー模型が $\mathcal{M}$ 上の統計力学的正準集団として定まる．各完全マッチング $M \in \mathcal{M}$ の確率はボルツマン重み

$$W(M) = \prod_{e \in M} W(e)$$

と分配函数

$$Z = \sum_{M \in \mathcal{M}} W(M)$$

によって

$$\mathbb{P}(M) = \frac{W(M)}{Z}$$

と表される．また，頂点を共有しない辺の組 $e_1, \cdots, e_m$ に対して，M がそれらを含む事象

$$\mathcal{M}[e_1, \cdots, e_m] = \{M \in \mathcal{M} \mid e_1, \cdots, e_m \in M\}$$

の確率

$$C[e_1, \cdots, e_m] = \frac{1}{Z} \sum_{M \in \mathcal{M}[e_1, \cdots, e_m]} W(M)$$

が相関函数に相当する．

カステレインの方法では，このように定式化されたダイマー模型の分配函数を

$$Z = |\mathrm{Pf}\, K| \tag{6}$$

と表すことを考える．ここで用いられる行列（カステレイン行列）K は $2N \times 2N$ の反対称行列（前章の話で $\tilde{K}$ という記号で表したもの）であり，その行と列の番号 $1, \cdots, 2N$ は G の頂点 $v_1, \cdots, v_{2N}$ と対応している．$K = (K_{ij})_{i,j=1}^{2N}$ の成分は

$$K_{ij} = \begin{cases} \varepsilon_{ij} W_{ij} & ((v_i, v_j) \in E \text{ のとき}) \\ 0 & ((v_i, v_j) \notin E \text{ のとき}) \end{cases} \tag{7}$$

という形をしている．ここで ε_{ij} と W_{ij} はそれぞれ辺 $e = (v_i, v_j)$ に対する符号因子 $\varepsilon(e)$（± 1 の値をもつ）と重み $W(e)$ を表す．ただし，$\varepsilon(e)$ に関しては，e を有向辺（v_i から v_j に向かって向き付けられている）とみなし，この向きを逆にすれば符号が反転する，と解釈する．したがって ε_{ij}

は反対称

$$\varepsilon_{ji} = -\varepsilon_{ij}$$

である．また，このように符号因子を定める代わりに，符号因子が正になる向きを(本来は無向グラフである) G の各辺に指定してもよい．問題はこの符号因子 $\varepsilon(e)$ あるいは辺の向き付けをどのように指定すれば(6)が成立するかということである．

この問題は前々章で解説した2部グラフの場合と同様に扱うことができる．まず，$\mathrm{Pf}\,K$ を定義通りに(1)のように展開すれば，G の完全マッチング M と(5)のように対応する項のみが生き残って

$$\mathrm{Pf}\,K = \sum_{M \in \mathcal{M}} \mathrm{sgn}(\pi)\varepsilon(M)W(M) \qquad (8)$$

となる．ここで $\varepsilon(M)$ は M に含まれる辺全体にわたる符号因子の積

$$\varepsilon(M) = \prod_{i=1}^{N} \varepsilon_{\pi(2i-1),\pi(2i)}$$

である．したがって

$$\mathrm{sgn}(\pi)\varepsilon(M) \text{ が } M \text{ によらず一定の値をとる} \qquad (9)$$

という条件(2部グラフの場合にならって「定符号条件」と呼ぶことにする)が満たされれば，この値 ±1 を総和の外に出すことができて

$$\mathrm{Pf}\,K = \pm \sum_{M \in \mathcal{M}} W(M) = \pm Z$$

となり，(6)が成立する．

前々章で説明した「マッチングの回転」(2部グラフに限らず意味をもつ)の概念を用いれば，行列式の展開の場合と同様の考察によって，定符号条件(9)を G の閉路に関する条件に言い換えることができる．詳細は原論文[1, 2]に譲るが，結果として以下のことがわかる：

1. 偶数の頂点をたどる任意の閉路(単純な閉路に限定してもよい) $C = (u_0, u_1, \cdots, u_{2n-1}, u_0)$ に対して

   $$\prod_{i=1}^{2n} \varepsilon(u_{i-1}, u_i) = -1$$

   という等式($u_{2n} = u_0$ とみなす)が成立すれば(言い換えれば，C に沿って現れる負符号の有向辺が奇数個ならば)，定符号条件は満たされる．

2. G が平面的で，G の任意の面 F の境界 ∂F (ベクトル解析や位相幾何学の習慣にならって反時計回りに向きを付ける)に沿って現れる負符号の有向辺が奇数個ならば，定符号条件は満たされる．

3. G が平面的ならば，2の条件を満たすように各辺の符号因子を

図4 符号因子の選び方の例($\varepsilon(e) = +1$
となる有向辺 e を示す)

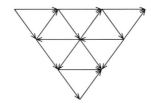

　　指定できる.

このように，G が平面的ならば，分配函数のパフ式表示(6)が成立する
ような符号因子の選び方が必ず存在する．図3のグラフに対する符号
因子の選び方の一例を図4に示す．

　ちなみに，G が2部グラフ $G = (V_1, V_2, E)$ の場合には，頂点の番号
付けを

$$V_1 = \{v_1, \cdots, v_N\}, \quad V_2 = \{v_{N+1}, \cdots, v_{2N}\}$$

と選ぶことによって K は

$$K = \begin{pmatrix} 0 & K_{12} \\ -{}^t K_{12} & 0 \end{pmatrix}$$

とブロック分けされる．K_{12} は $N \times N$ 行列であり，前々章で用いた行
列に一致する．パフ式の基本的性質(ii)によって，(6)は行列式表示

$$Z = |\det K_{12}| \tag{10}$$

に帰着する.

4 非交差経路和への応用

　LGV(Lindström-Gessel-Viennot)公式については，第2章で証明のアイ
ディアも含めて詳しく解説した．それを簡単に復習しておこう．

　各辺 e に重み $w(e)$[3] が指定された無閉路有向グラフ[4] $G = (V, E)$
の上に始点の組 $A = (a_1, \cdots, a_n)$ と終点の組 $B = (b_1, \cdots, b_n)$ を固定す

---

3)　統計物理の対象であるダイマー模型の場合と違って，数え上げ
問題を考える際にはこの重みを正実数に限定する必要はなく，たと
えば，ある可換環の要素としてもよい．この違いを示唆する意味で，
この節では重みの記号を小文字の w に変えてみた.

る．これらの点を結ぶ非交差な経路 $P_i \in \mathcal{P}(a_i, b_i)$ の組 $\boldsymbol{P} = (P_1, \cdots, P_n)$ 全体の集合を $\mathcal{P}_0(\boldsymbol{A}, \boldsymbol{B})$ という記号で表す．P_i に沿って現れる辺の重みを掛け合わせたものを P_i の重み $w(P_i)$ とする．LGV 公式によれば，$\boldsymbol{A}$ と $\boldsymbol{B}$ が適合条件

$\quad i < k$ かつ $j > l$ ならば，a_i から b_j に至る経路と a_k から b_l に至る経路は必ず交わる

を満たすとき，非交差経路 $\boldsymbol{P} = (P_1, \cdots, P_n)$ の重み

$$w(\boldsymbol{P}) = w(P_1) \cdots w(P_n)$$

の総和

$$G(\boldsymbol{A}, \boldsymbol{B}) = \sum_{\boldsymbol{P} \in \mathcal{P}_0(\boldsymbol{A}, \boldsymbol{B})} w(\boldsymbol{P})$$

は a_i と b_j を結ぶ経路の重みの総和

$$G(a_i, b_j) = \sum_{P \in \mathcal{P}(a_i, b_j)} w(P)$$

の行列式として

$$G(\boldsymbol{A}, \boldsymbol{B}) = \det(G(a_i, b_j))_{i,j=1}^n \tag{11}$$

と表せる．

　ステンブリッジは終点 $b_1, \cdots, b_n$ が固定されず，V の有限部分集合 U の中を動ける場合（図5）に LGV 公式を拡張した[3]．そのような非交差経路 $\boldsymbol{P}$ 全体の集合を $\mathcal{P}_0(\boldsymbol{A}, U)$ と表して，対応する非交差経路和

$$G(\boldsymbol{A}, U) = \sum_{\boldsymbol{P} \in \mathcal{P}_0(\boldsymbol{A}, U)} w(\boldsymbol{P})$$

を考える[5]．さらに，U の要素に

$$U = \{u_1, \cdots, u_M\}$$

というように適当に番号を割り振ること[6]によって，適合条件

$\quad i < k$ かつ $j > l$ ならば，a_i から u_j に至る経路と a_k から u_l に至る経路は必ず交わる

が満たされているとする．ステンブリッジによれば，この条件のもとで，n が偶数（$n = 2m$）の場合の非交差経路和 $G(\boldsymbol{A}, U)$ は

$$G(\boldsymbol{A}, U) = \mathrm{Pf}(G(a_i, a_j, U))_{1 \le i < j \le 2m} \tag{12}$$

というように，2本の経路の非交差経路和 $G(a_i, a_j, U)$ のパフ式として表せる．実際には n が奇数の場合も扱えるが[3]，ここでは説明を省く．$G(a_i, b_j, U)$ 自体は LGV 公式によって

$$G(a_i, a_j, U) = \sum_{1 \le k < l \le M} \begin{vmatrix} G(a_i, u_k) & G(a_i, u_l) \\ G(a_j, u_k) & G(a_j, u_l) \end{vmatrix}$$

図 5　終点を固定しない非交差経路和

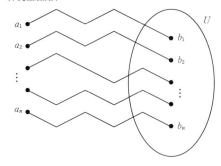

と表せることに注意されたい.

　ステンブリッジの公式(12)は LGV 公式と同様の方法で証明できる. その大筋を説明しよう. まず, (12)の右辺に $G(a_i, a_j, U)$ の本来の定義式

$$G(a_i, a_j, U) = \sum_{(P,Q) \in \mathcal{P}_0(a_i, a_j, U)} w(P)w(Q)$$

を代入してパフ式の定義(1)を適用すれば,

$$(12)の右辺 = \sum_{(\pi, \boldsymbol{P})} \mathrm{sgn}(\pi)w(\boldsymbol{P}) \tag{13}$$

という展開が得られる. この総和は

1. $\pi \in F_{2m}$
2. $\boldsymbol{P} = (P_1, \cdots, P_{2m})$, P_i は a_i と U の中のある頂点を結ぶ経路である
3. $i = 1, \cdots, m$ のいずれの場合も, $P_{\pi(2i-1)}$ と $P_{\pi(2i)}$ は交差しない

という組 $(\pi, \boldsymbol{P})$ の全体(その集合を $\widetilde{\mathcal{P}}(\boldsymbol{A}, U)$ という記号で表そう)にわたる

---

4)　典型的な例としては, 平面上の整数点 $(i, j) \in \mathbb{Z}^2$ を $(1, 0)$ と $(0, 1)$ の方向の長さ 1 の有向線分で互いに結んで得られる格子グラフを思い描けばよい. 実際に LGV 公式を応用する際には, これ以外にもさまざまな無閉路有向グラフが用いられる[3].

5)　ステンブリッジは $Q_U(\boldsymbol{A})$ という記号を用いているが, これはシューアの Q 関数を意識した記号と思われる.

6)　これは U に**全順序**を入れることにほかならない. ちなみに, ステンブリッジは頂点全体の集合 V に全順序を入れて適合条件を定式化している. LGV 公式の場合も今の場合も, 公式を証明する際には V の全順序(あるいは番号付け)が必要になる.

ものである．実際には，$P_1, \cdots, P_{2m}$ の中に交差する対があるような項は全体として打ち消し合って，非交差な $\boldsymbol{P}$ に関する項のみが生き残る．このことは $\bar{\mathcal{P}}(\boldsymbol{A}, U)$ の上に

    a. $\boldsymbol{P}$ が非交差ならば $\iota(\pi, \boldsymbol{P}) = (\pi, \boldsymbol{P})$

    b. $\iota(\pi, \boldsymbol{P}) = (\pi', \boldsymbol{P}') \neq (\pi, \boldsymbol{P})$ ならば
       $\mathrm{sgn}(\pi')w(\boldsymbol{P}') = -\mathrm{sgn}(\pi)w(\boldsymbol{P})$

という条件を満たす対合写像 ι を構成すること(LGV公式の証明の場合と同様である)によって示せる．非交差な $\boldsymbol{P}$ に対しては上の条件3は自動的に満たされるので，$\boldsymbol{P}$ に関する総和は π に関する総和とは独立に行うことができる．その結果は

$$(13)\text{の右辺} = G(\boldsymbol{A}, U) \sum_{\pi \in F_{2m}} \mathrm{sgn}(\pi)$$
$$= G(\boldsymbol{A}, U)\mathrm{Pf}(1)_{1 \le i < j \le 2m}$$
$$= G(\boldsymbol{A}, U)$$

となって，(12)が成立することがわかる．

　ステンブリッジはこの公式(12)のさまざまな応用を紹介している．関心をもつ読者は原論文[3]を参照されたい．

　本章ではパフ式の概念とその基本的な性質を説明し，数え上げ問題への応用の例として，ダイマー模型の分配函数のパフ式表示を紹介した．パフ式は反対称行列に対して(1)や(3)のように定義され，行列式とも密接な関連がある．最初の定義(1)には完全グラフの完全マッチングが内在していて，カステレイン行列のパフ式をこの定義に基づいて展開すれば，ダイマー配置に対応する項のみが(8)のように生き残る．この展開において定符号条件(9)が満たされれば，分配函数のパフ式表示(6)が成立する，というわけである．また，パフ式のもうひとつの応用例として，終点を固定しない非交差経路和に対するLGV公式のパフ式類似(12)も紹介した．その成立の仕組みはLGVの場合と同様であり，パフ式を展開したときに項の間に打ち消し合いが起こって，非交差経路に対応する項のみが生き残るのである．

参考文献

［1］ P. W. Kasteleyn, *The statistics of dimers on a lattice*: I. *The number of dimer arrangements on a quadratic lattice*, Physica **27** (1961), 1209-1225.

［2］ P. W. Kasteleyin, *Graph theory and crystal physics*, in: F. Harary Ed., "*Graph Theory and Theoretical Physics*" (Academics Press, 1967), 43-110.

［3］ J. R. Stembridge, *Nonintersecting paths, Pfaffians, and plane partitions*, Adv. in Math. **83** (1990), 96-131.

［4］ 石川雅雄・岡田聡一「行列式・パフィアンに関する等式とその表現論，組み合わせ論への応用」，『数学』第 62 巻第 1 号（岩波書店，2010），85-114.

［5］ 神保道夫『ホロノミック量子場』，岩波講座・現代数学の展開 4（岩波書店，1998）.

［6］ 広田良吾『直接法によるソリトンの数理』（岩波書店，1992）.

［7］ 岡田聡一『古典群の表現論と組合せ論(上・下)』(培風館，2006).

第14章

全域木の数え上げ

　本章と次章では**全域木の数え上げ問題**を取り上げる.「木」とは連結(すなわち,任意の2頂点が経路で結ばれる)かつ閉路をもたないグラフのことである.グラフ G に含まれる木 T が G のすべての頂点を覆うとき,T を G の**全域木**という.全域木は**極大木**とも呼ばれるが[1],こちらは「木としてはそれ以上大きくなれない」という意味である.全域木の数え上げ問題は与えられたグラフ G の中に全域木が何個存在するかを問う.この問題の歴史は古く,19世紀半ばの物理学者キルヒホフ(G. R. Kirchhoff)による電気回路の研究にまで遡る.キルヒホフは電気回路の研究にグラフ理論的な考え方[2]を導入し,それを線形代数的な方法[3]と組み合わせて電気回路を扱った.この研究によってグラフ理論と線形代数の密接な関係が初めて明らかになった.そこでは今日**キルヒホフ行列**あるいは**グラフのラプラシアン**と呼ばれる行列が重要な役割を担う.じつはこの行列の余因子が全域木の個数と関係しているのである.このことはキルヒホフの研究からほぼ1世紀後に,タット(W. T. Tutte)[4]によってより一般的な形で定式化され,**キルヒホフの定理**あるいは**行列と木の定理**(matrix-tree theorem)として知られるようになった(たとえばベルジュの本[2]やカステレインの論文[3]を参照されたい).この定理を紹介するのが本章の話の目的である.

1　グラフのラプラシアン

　行列と木の定理には無向グラフ版と有向グラフ版がある.それぞれに対するラプラシアンの定義を順次説明する.グラフに同じ頂点同士

を結ぶ「ループ辺」があると話がややこしくなるので，ループ辺は存在しないとする．

　グラフのラプラシアンは連続空間上のラプラシアン(ラプラス作用素)の離散類似である．たとえば，平面 $\mathbb{R}^2$ の上のラプラシアン Δ は函数 $\phi = \phi(x, y)$ に

$$\Delta\phi = \frac{\partial^2\phi}{\partial x^2} + \frac{\partial^2\phi}{\partial y^2}$$

というように作用する微分作用素である．それを無限正方格子 $\mathbb{Z}^2$ に離散化したもの(仮に同じ記号 Δ で表す)は $\mathbb{Z}^2$ 上の函数 $\phi = \phi(x, y)$ $(x, y \in \mathbb{Z})$ に対して

$$\Delta\phi(x, y) = \phi(x+1, y) + \phi(x-1, y)$$
$$+ \phi(x, y+1) + \phi(x, y-1) - 4\phi(x, y) \qquad (1)$$

というように作用する．$(x\pm1, y), (x, y\pm1)$ は (x, y) と隣接する頂点であり，その個数 4 を $\phi(x, y)$ に乗じて差し引くことによって，定数函数(代表的に 1 を考えればよい)への作用が

$$\Delta 1 = 0 \qquad (2)$$

となる．ちなみに，前々章では，カステレイン行列の固有値問題に関連して，これに類する作用素を紹介した．

　一般の無向グラフのラプラシアンもこの場合にならって定義される．ただし，以下では符号を逆にしたもの $-\Delta$ をラプラシアンと呼び，L という記号で表す．$G = (V, E)$ が頂点集合 $V = \{v_1, \cdots, v_N\}$ と辺集合 $E = \{e_1, \cdots, e_M\}$ からなる有限グラフならば，L を $N \times N$ 行列 $(L_{ij})_{i,j=1}^N$ として表現することができる．その成分は

---

1) 「全域木」と「極大木」はいずれも spanning tree の訳語である．
2) これは今日的な見方である．当時はまだ体系的なグラフ理論が存在しなかった．「グラフ」という言葉はキルヒホフの研究のかなり後に，ケイリー(M. A. D. Cayley)によって導入された．
3) これも今日的な解釈である．キルヒホフの時代には線形代数がまだ黎明期にあった．行列の概念や算法はキルヒホフの研究とほぼ同じ頃に，ケイリーとその友人のシルヴェスター(J. J. Sylvester)によって導入された[1]．物理学者が行列を積極的に用いるようになったのは，1920年代半ばの量子力学誕生以降である．
4) タット(ケイリーやシルヴェスターと同じく英国人である)は 20 世紀の組合せ論に大きな足跡を残している．組合せ論の文献をひもとけば，あちこちでタットの名前に出会う．

$$L_{ij} = \begin{cases} -1 & (i \neq j,\ (v_i, v_j) \in E \text{ のとき}) \\ 0 & (i \neq j,\ (v_i, v_j) \notin E \text{ のとき}) \\ d_i & (i = j \text{ のとき}) \end{cases}$$

と定義される．ここで d_i は v_i に接続する辺の個数(v_i の**次数**という)である．たとえば，図1左の無向グラフに対して L は

$$L = \begin{pmatrix} 3 & -1 & -1 & -1 \\ -1 & 2 & -1 & 0 \\ -1 & -1 & 3 & -1 \\ -1 & 0 & -1 & 2 \end{pmatrix}$$

となる．

図1 無向グラフと有向グラフの例

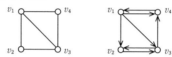

無向グラフでは (v_i, v_j) と (v_j, v_i) は区別されないので，L は対称行列である．また，対角成分の定め方から

$$\sum_{j=1}^{N} L_{ij} = 0, \qquad \sum_{i=1}^{N} L_{ij} = 0$$

という等式が成立すること，言い換えれば

$$\boldsymbol{e} = {}^t(1, \cdots, 1)$$

が固有値0の固有ベクトルであること

$$L\boldsymbol{e} = \boldsymbol{0}, \qquad {}^t\boldsymbol{e}L = \boldsymbol{0} \tag{3}$$

が従う．これは(2)に相当する性質である．

G の各辺 (v_i, v_j) に対称な重み $a_{ij} = a_{ji}$ を付けて，$(v_i, v_j) \notin E$ のときには $a_{ij} = 0$ と定めれば，上の定義を

$$L_{ij} = \begin{cases} -a_{ij} & (i \neq j \text{ のとき}) \\ \sum_{k=1}^{N} a_{ik} & (i = j \text{ のとき}) \end{cases}$$

と一般化することもできる．この場合にも(3)が成立する．前々章でも触れた「重み付き隣接行列」

$$A = (a_{ij})_{i,j=1}^{N}$$

(ループ辺が存在しないので，対角成分は0になる)と対角行列

$$D = (D_i \delta_{ij})_{i,j=1}^{N}, \qquad D_i = \sum_{k=1}^{N} a_{ik}$$

を導入すれば，L はその差として

$$L = D - A \tag{4}$$

と表せる．

　有向グラフの場合にもラプラシアン L が同様に定義される．ただし，そこでは a_{ij} と a_{ji} は独立であり，それぞれ有向辺 (v_i, v_j)，(v_j, v_i) の重みを表す（有向辺がなければ重みを 0 とする）．さらに，D の代わりに

$$D' = (D_i' \delta_{ij})_{i,j=1}^{N}, \qquad D_i' = \sum_{k=1}^{N} a_{ki}$$

を用いてもうひとつのラプラシアン

$$L' = D' - A \tag{5}$$

が定義される．たとえば，簡単のため重みを 1 とすれば，図 1 右の有向グラフに対する L, L' は

$$L = \begin{pmatrix} 3 & -1 & -1 & -1 \\ 0 & 1 & -1 & 0 \\ 0 & -1 & 2 & -1 \\ -1 & 0 & 0 & 1 \end{pmatrix}$$

$$L' = \begin{pmatrix} 1 & -1 & -1 & -1 \\ 0 & 2 & -1 & 0 \\ 0 & -1 & 2 & -1 \\ -1 & 0 & 0 & 2 \end{pmatrix}$$

となる．対称性 $a_{ij} = a_{ji}$ がなければ $L \neq L'$ であり，

$$L\boldsymbol{e} = \boldsymbol{0}, \qquad {}^t\boldsymbol{e}L' = \boldsymbol{0} \tag{6}$$

というように (3) の一方の等式のみが成立する．行列と木の定理において L, L' は異なる役割を担う．

2　木の数え上げ

　冒頭で述べたように，連結で閉路をもたないグラフを**木**という．木に付加的な情報を与えたものを考えることもある．特定の頂点[5] を**根**として指定した木を**根付きの木**という（図 2，次ページ）．根を選べば，

---

5)　木の場合には「頂点」と「辺」の代わりに「節点」と「枝」という言葉を用いることもある．実際の木になぞらえて，「根」や「葉」という言葉も用いられる．

本物の木のように，そこから末端の頂点（葉という）に至る向き（あるいはそれを一斉に逆にした向き）が各辺に対して決まる．このように向きを指定した木を**有向木**という．2種類の向き付けを区別するときには，根から葉に向かう向きを「外向き」，葉から根に向かう向きを「内向き」と呼ぶことにする（図3）．

図2 根付きの木（根を●で示す）

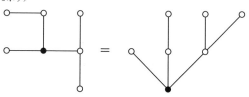

図3 外向き有向木と内向き有向木

　与えられたグラフの全域木の数え上げ問題を考える前に，外枠のグラフを指定しないで N 個の点を自由に結んで得られる木の数え上げについて触れておこう．

　これらの頂点にはあらかじめ $1, 2, \cdots, N$ の番号を割り振っておく．それらを辺で結んで得られる木（辺の総数は $N-1$ であることに注意されたい）は頂点に番号が割り振られているので，形が同じでも番号付けが異なれば別のものとみなされる．このような意味での木を**ラベル付きの木**あるいは**順序木**という[6]．たとえば，3頂点の順序木は図4に示した3通りに限られる．4頂点の場合には，頂点の番号付けを無視すれば，図5に示す2種類の木がある．それぞれの頂点の番号付けは，図の左の場合には明らかに4通りだが，図の右の場合には多少の計算の後12通りあることがわかる．結局，4頂点の順序木は16通りある．頂点数が一般の場合については次の**ケイリーの定理**が知られている．

図4 3頂点の順序木

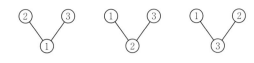

図5 4頂点の順序木の2種類の形状

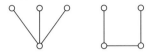

定理1 N 頂点の順序木の総数は N^{N-2} である.

　この定理にはいくつもの証明が知られている. たとえば, ベルジュの本[2]は多項係数を利用する証明を紹介している. この方法は木の形状に制限を設けた数え上げを扱うこともできて興味深い. また, 求める総数の N に関する母函数を考えて, それが満たす函数方程式を解く方法もある. さらに別の証明方法として, 以下に説明するように, 順序木を N 頂点の完全グラフ K_N の全域木とみなして, 行列と木の定理を適用するやりかたもある.

　与えられたグラフ G に含まれる木 T が G のすべての頂点を覆うとき, T は全域木であるという. グラフ理論でおなじみの簡単な考察によって, 任意の連結無向グラフには全域木がかならず存在することがわかる. G の全域木全体の集合を $\mathcal{T}(G)$ と表そう(ここだけの仮の記号である). また, 全域木 T の重み $w(T)$ を

$$w(T) = \prod_{e \in T} a(e)$$

すなわち, T の各辺 $e = (v_i, v_j)$ の重み $a(e) = a_{ij}$ の総積として定めよう. このとき(無向グラフ版の)行列と木の定理は次のように述べられる.

定理2 無向グラフ G のラプラシアン L の余因子 $(-1)^{i+j} \det L^{(i,j)}$ ($L^{(i,j)}$ は L から i 行と j 列を除去した行列を表す)は $i, j = 1, \cdots, N$ によらず G の全域木の重みの総和

---

6)　これらの言葉は少し違う意味で用いられることもある.

$$\tau(G) = \sum_{T \in \mathcal{T}(G)} w(T)$$

に等しい.

　K_N にこの定理を適用してみよう．K_N の N 個の頂点はすべて互い
に辺で結ばれている(それが完全グラフの定義である)．それらの重みを 1
に選べば，ラプラシアンは

$$L = \begin{pmatrix} N-1 & -1 & \cdots & -1 \\ -1 & N-1 & \ddots & \vdots \\ \vdots & \ddots & \ddots & -1 \\ -1 & \cdots & -1 & N-1 \end{pmatrix}$$

という $N \times N$ 行列になる．定理 2 によれば，この行列の任意の余因
子，たとえば

$$\det L^{(1,1)} = \begin{vmatrix} N-1 & -1 & \cdots & -1 \\ -1 & N-1 & \ddots & \vdots \\ \vdots & \ddots & \ddots & -1 \\ -1 & \cdots & -1 & N-1 \end{vmatrix}$$

が全域木の個数を与える．読者は線形代数の教科書などでこの行列式
の計算を見たことがあるかもしれない．まず，最初の列(もとの L では
2 列目に相当する)以外の列をすべて最初の列に加えれば，行列式の値は
変わらず

$$\det L^{(1,1)} = \begin{vmatrix} 1 & -1 & -1 & \cdots & -1 \\ 1 & N-1 & -1 & \cdots & -1 \\ \vdots & -1 & \ddots & \ddots & \vdots \\ \vdots & \vdots & \ddots & \ddots & -1 \\ 1 & -1 & \cdots & -1 & N-1 \end{vmatrix}$$

となる．さらに，この行列式の最初の列をそれ以外の列に加えれば

$$\det L^{(1,1)} = \begin{vmatrix} 1 & 0 & 0 & \cdots & 0 \\ 1 & N & 0 & \cdots & 0 \\ \vdots & 0 & \ddots & \ddots & \vdots \\ \vdots & \vdots & \ddots & \ddots & 0 \\ 1 & 0 & \cdots & 0 & N \end{vmatrix} = N^{N-2}$$

となる．こうして K_N の全域木の総数が N^{N-2} に等しいことがわかる．
　有向グラフ版の行列と木の定理は次のようになる．有向グラフ G
の頂点 v を根とする内向き有向全域木全体の集合を $\mathcal{T}(v, G)$，外向き

有向全域木全体の集合を $\mathcal{T}'(v, G)$ という記号で表そう.

定理3 有向グラフ G のラプラシアン L, L' の余因子 $(-1)^{i+j} \det L^{(i,j)}$, $(-1)^{i+j} \det L'^{(i,j)}$ はそれぞれ

$$\tau(v_i, G) = \sum_{T \in \mathcal{T}(v_i, G)} w(T),$$

$$\tau'(v_j, G) = \sum_{T \in \mathcal{T}'(v_j, G)} w(T)$$

に等しい.

タットの原論文[4]は, この結果をさらに一般化している. 関心をもつ読者は原論文を参照されたい.

3 ■ 行列と木の定理の証明の概略

以下では定理2と定理3の証明の概略を紹介する. 詳細についてはベルジュの本[2]やカステレインの論文[3]などを参照されたい. ページ数が残り少ないので,

$$\det L^{(1,1)} = \tau(v_1, G) \qquad\qquad (7)$$

という等式を導くアイディアを重点的に説明する. その他の部分については最後に簡単に触れる.

ウォーミングアップとして $N = 3$ の場合を考えよう. L は

$$L = \begin{pmatrix} a_{12}+a_{13} & -a_{12} & -a_{13} \\ -a_{21} & a_{21}+a_{23} & -a_{23} \\ -a_{31} & -a_{32} & a_{31}+a_{32} \end{pmatrix}$$

という行列であるから, 余因子は

$$\det L^{(1,1)} = \begin{vmatrix} a_{21}+a_{23} & -a_{23} \\ -a_{32} & a_{31}+a_{32} \end{vmatrix}$$

となる. これを展開すれば

$$\det L^{(1,1)} = a_{21}a_{31}+a_{21}a_{32}+a_{23}a_{31}$$

となるが, 各項には

$$a_{21}a_{31} \longleftrightarrow \{(v_2, v_1), (v_3, v_1)\},$$
$$a_{21}a_{32} \longleftrightarrow \{(v_2, v_1), (v_3, v_2)\},$$
$$a_{23}a_{31} \longleftrightarrow \{(v_2, v_3), (v_3, v_1)\}$$

というように辺の集合が対応する. これらはいずれも v_1 を頂点とす

る内向き有向全域木の辺集合と解釈できる．$\mathcal{T}(v_1, G)$ はこれら3通り
の有向木からなり，$a_{21}a_{31}, a_{21}a_{32}, a_{23}a_{31}$ はその重みにほかならない．し
たがって

$$a_{21}a_{31} + a_{21}a_{32} + a_{23}a_{31} = \tau(v_1, G)$$

となり，(7)が成立することがわかる．

　N が一般の場合を扱うには $\det L^{(1,1)}$ の展開を系統的に考える必要
がある．その考え方を $N = 4$ の場合に説明しよう．その場合の余因
子は

$$\det L^{(1,1)} = \begin{vmatrix} D_2 & -a_{23} & -a_{24} \\ -a_{32} & D_3 & -a_{34} \\ -a_{42} & -a_{43} & D_4 \end{vmatrix}$$

という形をしている．ここで D_2, D_3, D_4 は

$$D_2 = a_{21} + a_{23} + a_{24},$$
$$D_3 = a_{31} + a_{32} + a_{34},$$
$$D_4 = a_{41} + a_{42} + a_{43}$$

となる．行列式の各行は転置した基本単位ベクトル

$${}^t\boldsymbol{e}_2 = (1 \quad 0 \quad 0),$$
$${}^t\boldsymbol{e}_3 = (0 \quad 1 \quad 0),$$
$${}^t\boldsymbol{e}_4 = (0 \quad 0 \quad 1)$$

の線形結合として

$$a_{21}{}^t\boldsymbol{e}_2 + a_{23}({}^t\boldsymbol{e}_2 - {}^t\boldsymbol{e}_3) + a_{24}({}^t\boldsymbol{e}_2 - {}^t\boldsymbol{e}_4),$$
$$a_{31}{}^t\boldsymbol{e}_3 + a_{32}({}^t\boldsymbol{e}_3 - {}^t\boldsymbol{e}_2) + a_{34}({}^t\boldsymbol{e}_3 - {}^t\boldsymbol{e}_4),$$
$$a_{41}{}^t\boldsymbol{e}_4 + a_{42}({}^t\boldsymbol{e}_4 - {}^t\boldsymbol{e}_2) + a_{43}({}^t\boldsymbol{e}_4 - {}^t\boldsymbol{e}_3)$$

と表せる．この表示を代入して行列式の行に関する多重線形性を用い
れば，$\det L^{(1,1)}$ は

$$\det L^{(1,1)} = a_{21}a_{31}a_{41} \det \begin{pmatrix} {}^t\boldsymbol{e}_2 \\ {}^t\boldsymbol{e}_3 \\ {}^t\boldsymbol{e}_4 \end{pmatrix} + a_{21}a_{31}a_{42} \det \begin{pmatrix} {}^t\boldsymbol{e}_2 \\ {}^t\boldsymbol{e}_3 \\ {}^t\boldsymbol{e}_4 - {}^t\boldsymbol{e}_2 \end{pmatrix} + \cdots$$

と展開される．これによって $3 \times 3 \times 3 = 27$ 個の項が現れるが，各項
の行列式部分を逐一調べれば，そのうち16項の行列式は1に等しく，
ほかは0であることがわかる（一般的なからくりはのちほど一般の場合に説
明する）．結果として得られる展開

$$\det L^{(1,1)} = a_{21}a_{31}a_{41} + a_{21}a_{31}a_{42} + \cdots$$

の各項には v_1 を根とする内向き有向全域木が対応する．たとえば，

最初の項に対応するのは $(v_2, v_1), (v_3, v_1), (v_4, v_1)$ を辺とする有向木である．こうして $N = 4$ の場合にも (7) が成立することがわかる．

以上のことを念頭において，一般の場合の余因子

$$\det L^{(1,1)} = \begin{vmatrix} D_2 & -a_{23} & \cdots & & -a_{2N} \\ -a_{32} & \ddots & & \ddots & \vdots \\ \vdots & \ddots & & \ddots & -a_{N-1, N} \\ -a_{N2} & \cdots & & -a_{N, N-1} & D_N \end{vmatrix}$$

を考える．その各行（もとの L の行番号をそのまま用いる）は転置した基本単位ベクトル

$$^t\boldsymbol{e}_i = (\delta_{ij})_{j=2}^N \qquad (i = 2, \cdots, N)$$

の線形結合として

$$第 i 行 = a_{i1}{}^t\boldsymbol{e}_i + \sum_{j=2, j \neq i}^N a_{ij}({}^t\boldsymbol{e}_i - {}^t\boldsymbol{e}_j)$$

と表せる．これを $N = 4$ の場合と同様に展開すれば

$$\det L^{(1,1)} = \sum_{h = (h_2, \cdots, h_N)} \left(\prod_{i=2}^N a_{ih_i} \right) \det({}^t\boldsymbol{e}_i - (1 - \delta_{1, h_i}){}^t\boldsymbol{e}_{h_i})_{i=2}^N \qquad (8)$$

となる．ここで総和は $1 \leqq h_i \leqq N$, $h_i \neq i$ という条件を満たす整数 h_i の組 $h = (h_2, \cdots, h_N)$ 全体にわたる．

(8) の右辺各項の行列式部分を調べよう．これは

$$^t\boldsymbol{e}_i - (1 - \delta_{1, h_i}){}^t\boldsymbol{e}_{h_i} = \begin{cases} {}^t\boldsymbol{e}_i - {}^t\boldsymbol{e}_{h_i} & (h_i \neq 1) \\ {}^t\boldsymbol{e}_i & (h_i = 1) \end{cases}$$

を第 i 行とする行列式である．他方，h から

$$H = \{(v_i, v_{h_i}) \mid i = 2, \cdots, N\} \subseteqq E$$

が定まる．これを辺集合とする G の部分グラフを同じ記号 H で表す．このとき次のことがわかる：

(ⅰ) H に閉路があれば行列式の値は
$$\det({}^t\boldsymbol{e}_i - (1 - \delta_{1, h_i}){}^t\boldsymbol{e}_{h_i})_{i=2}^N = 0$$
となる．

(ⅱ) H に閉路がなければ，H は v_1 を根とする内向き全域有向木であり，行列式の値は
$$\det({}^t\boldsymbol{e}_i - (1 - \delta_{1, h_i}){}^t\boldsymbol{e}_{h_i})_{i=2}^N = 1$$
となる．

(ⅰ) を示そう．H が $(v_{j_1}, v_{j_2}, \cdots, v_{j_p}, v_{j_1})$ という閉路をもつとする．j_{p+1}

$= j_1$ とおけば，このとき

$$(v_{j_q}, v_{j_{q+1}}) \in H \qquad (q = 1, \cdots, p)$$

となる（特に $j_1, \cdots, j_p$ の中に1は現れない）．したがって，上の行列式の中に ${}^t\boldsymbol{e}_{j_q} - {}^t\boldsymbol{e}_{j_{q+1}}$ $(q = 1, \cdots, p)$ が行として現れる．これらのベクトルの総和は $\boldsymbol{0}$ であるから，行列式の値は0になる．

(ii) を示そう．$N = |E|$ であり，H は $N-1$ 個の辺からなるので，グラフ理論で知られている木の特徴づけ（ベルジュの本[2]を参照されたい）によって，H が全域木になることはただちにわかる．行列式の値を求めるために，$2, 3, \cdots, N$ の順列 $k_2, \cdots, k_N$ を選んで，1を追加した順列 $1, k_2, \cdots, k_N$ において各 h_i が i の左側に現れるようにする．たとえば，$N = 4$ で

$$h_2 = 4, \qquad h_3 = 4, \qquad h_4 = 1$$

という場合には k_2, k_3, k_4 を

$$k_2 = 4, \qquad k_3 = 2, \qquad k_4 = 3$$

と選べばよい．そのうえで，問題の行列式の行と列をともに $k_2, \cdots, k_N$ の順序に並べ替えれば，行列式の中身は対角成分が1の下三角行列になる．こうして行列式の値が1に等しいことがわかる．上の $N = 4$ の場合の例でこれを実演すれば

$$\det \begin{pmatrix} {}^t\boldsymbol{e}_2 - {}^t\boldsymbol{e}_4 \\ {}^t\boldsymbol{e}_3 - {}^t\boldsymbol{e}_4 \\ {}^t\boldsymbol{e}_4 \end{pmatrix} = \begin{vmatrix} 1 & 0 & -1 \\ 0 & 1 & -1 \\ 0 & 0 & 1 \end{vmatrix} = \begin{vmatrix} 1 & 0 & 0 \\ -1 & 1 & 0 \\ -1 & 0 & 1 \end{vmatrix} = 1$$

となる．

(i) と (ii) によって，(8) の右辺で生き残るのは $H = T \in \mathcal{T}(v_1, G)$ というように全域木に対応する項のみであり，それらの項は

$$\prod_{i=2}^{N} a_{ih_i} = w(T)$$

に等しい．こうして (7) が確かめられる．その特別な場合として無向グラフの場合（L が対称行列になる）の等式

$$\det L^{(1,1)} = \tau(G) \tag{9}$$

も得られる．

L の $(1, j)$ 余因子が j によらない値をもつことは (6) の第1式からの帰結である．この等式は L の N 個の列ベクトルの総和が $\boldsymbol{0}$ に等しいことを意味する．ところで，一般に N 個の $N-1$ 次元列ベクトル $\boldsymbol{b}_1, \cdots, \boldsymbol{b}_N$ が零和条件

$$\boldsymbol{b}_1 + \cdots + \boldsymbol{b}_N = \boldsymbol{0}$$

を満たせば，$\boldsymbol{b}_1$ 以外のベクトルを並べた行列式を

$$\det(\boldsymbol{b}_2 \quad \boldsymbol{b}_3 \quad \cdots \quad \boldsymbol{b}_N) = \det\left(-\sum_{j=1, j \neq 2}^{N} \boldsymbol{b}_j \quad \boldsymbol{b}_3 \quad \cdots \quad \boldsymbol{b}_N\right)$$

$$= -\sum_{j=1, j \neq 2}^{N} \det(\boldsymbol{b}_j \quad \boldsymbol{b}_3 \quad \cdots \quad \boldsymbol{b}_N)$$

$$= -\det(\boldsymbol{b}_1 \quad \boldsymbol{b}_3 \quad \cdots \quad \boldsymbol{b}_N)$$

というように $\boldsymbol{b}_2$ 以外のベクトルを並べた行列式に書き直せる．これを繰り返せば，$\boldsymbol{b}_1, \cdots, \boldsymbol{b}_N$ の任意の $N-1$ 個を並べた行列式も得られる．こうして L の $(1, j)$ 余因子が互いに等しいということがわかる．同じ論法によって，L の (i, j) 余因子が j によらないことが確かめられる．(6) の第 2 式から L' に対する主張も従う．

　本章では木の数え上げにおける線形代数的方法を紹介した．その主役はキルヒホフの電気回路研究に起源をもつラプラシアン(別名キルヒホフ行列)である．「キルヒホフの定理」とも呼ばれる行列と木の定理(定理 2, 定理 3)によれば，ラプラシアンの余因子は無向グラフの全域木の個数や有向グラフの根を指定した有向全域木の個数(より一般にはそれらの重みの総和)に等しい．その応用として，この定理から順序木の数え上げに関するケイリーの定理(定理 1)が従うことを説明した．また，定理の証明の核心部分を解説した．

　本章ではページ数の関係で立ち入ることができなかったが，特別なグラフの場合には，前々章で紹介したカステレイン行列の対角化による完全マッチングの数え上げにならって，全域木の数え上げを具体的に実行することができる．それを見れば，全域木の数え上げと完全マッチングの数え上げは雰囲気がよく似ている，ということが感じられるだろう．次章で紹介するように，じつは両者は密接に関連していて，ある場合には同値な問題になる．

参考文献

[1] E. T. ベル(田中勇・銀林浩訳)，『数学をつくった人びと』全 3 巻(ハヤカワ文庫 NF，2003)．

[2] C. ベルジュ(伊理正夫他訳)，『グラフの理論 I』(サイエンス社，1976)．

[3] P. W. Kasteleyin, *Graph theory and crystal physics*, in: F. Harary Ed., "*Graph Theory and Theoretical Physics*"(Academics Press, 1967), 43-110.

[4] W. T. Tutte, *The dissection of equilateral triangles into equilateral triangles*, Math. Proc. Cambrige Philos. Soc. **44** (1948), 463-482.

第15章

全域木と完全マッチングの対応

　本章では，与えられた平面的グラフの全域木の数え上げ問題が別の平面的グラフの完全マッチングの数え上げ問題と対応する，という話題でグラフ理論における数え上げの語を締めくくる．**テンパリー対応**と呼ばれるこの対応関係は最初テンパリーによって正方格子グラフにおいて見出され[1]，後にケニオンらによって一般化された[2,3]．ここでは，テンパリーが最初に扱った場合を例に選んで，この対応関係を説明する．さらに，前章で紹介した行列と木の定理を用いて，この例における全域木の個数を線形代数的計算で求める．ケニオンらの論文[2]はこれ以外にも興味深い例をいくつか扱っている．また，チュクの講義録[4]（完全マッチングの数え上げ問題をさまざまな観点から論じている）にもこの話題に関する簡潔な解説がある．関心をもつ読者はこれらの文献を参照されたい．

1　正方格子グラフとその双対グラフにおける全域木の対応

　以下では $m \times n$ 正方格子グラフ $G_{m,n}$（図1）とそれから決まるあるグラフ（$G_{2m-1,2n-1}$ から角の頂点を1個除去したもの）の間のテンパリー対応に話を限定する．その準備として，ここでは $G_{m,n}$ の全域木と $G_{m,n}$ の**双対グラフ** $G_{m,n}^*$ の全域木の間に1対1対応があることを説明する．

　双対グラフは一般の平面的グラフに対して定義され（たとえばベルジュの本[5]を参照されたい），それ自体も平面的である．平面的グラフ G の双対グラフ G^* の頂点は G の各面 f の内部に選んだ1点（f^* という記号で表す）と同一視される．2つの面 f,g が辺 e によって隣接すると

図1 正方格子グラフ $G_{m,n}$
（$m = 4$, $n = 5$ の場合を示す）

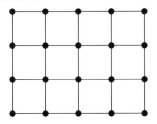

図2 双対グラフの頂点（灰色）と辺（実線）
（もとのグラフの頂点を黒色，辺を点線で表している）

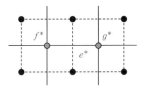

図3 $G_{2,2}$（点線）の双対グラフ $G_{2,2}^*$（実線）

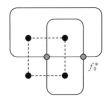

き，f^*, g^* は e と交わる辺（e^* という記号で表す）で結ばれる（図2）．G の外側もひとつの面（f_0 という記号で表すことにする）とみなされる．

　たとえば，$G_{2,2}$ は 1 個の正方形の頂点と辺からなるので，双対グラフ $G_{2,2}^*$ は正方形の内部 f_1 と外部 f_0 に対応する頂点 f_1^*, f_0^* を 4 本の辺で結んだものになる（図3）．

　一般の m, n に対する $G_{m,n}$ の双対グラフ $G_{m,n}^*$ では，$G_{m,n}$ の内側の各面 f に対応する頂点 f^* を面（正方形）の重心の位置に選べば，それらは互いに水平・垂直方向の辺で結ばれて，$G_{m-1,n-1}$ と同じ形の部分グラフをなす．さらに，この部分グラフ（$G_{m-1,n-1}$ と同一視する）の境界の各頂点は $G_{m,n}$ の外側の面 f_0 に対応する頂点 f_0^* と結ばれる．これをそのまま図に描くと非常にわかりにくくなるが，ケニオンらの論文[2]にならって，図4（次ページ）のように f_0^* を線状に引き延ばして描く（し

図4 頂点 f_0^* を線状に引き延ばして $G_{m,n}^*$ を描く

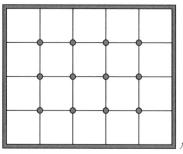

f_0^*

かしあくまで「点」と解釈する）と状況がわかりやすくなる．要するに，$G_{m-1,n-1}$ の境界の頂点をこの「拡がった頂点」f_0^* に接地（アース）[1]すれば $G_{m,n}^*$ ができあがる，というわけである．

　$G_{m,n}$ と $G_{m,n}^*$ を重ねて描き，$G_{m,n}$ の任意の全域木 T に対して，それと交わらない $G_{m,n}^*$ の辺全体からなる部分グラフ T^* を考える（図5）．本来ならば多少の説明が必要だが，結論のみ言えば（図5を見て納得してほしい），T^* は $G_{m,n}^*$ の全域木になる．また，T は同様の手順で T^* から復元できる．こうして $G_{m,n}$ の全域木全体の集合 $\mathcal{T}(G_{m,n})$ と $G_{m,n}^*$ の全域木全体の集合 $\mathcal{T}(G_{m,n}^*)$ の間に 1 対 1 対応（全単射）$T \mapsto T^*$ が定まる．特に

$$|\mathcal{T}(G_{m,n})| = |\mathcal{T}(G_{m,n}^*)| \tag{1}$$

という等式が成立する．

図5 $G_{m,n}$ の全域木 T（黒色の頂点を結ぶ太線）に対応する
　　　$G_{m,n}^*$ の全域木 T^*（灰色の頂点を結ぶ太線）

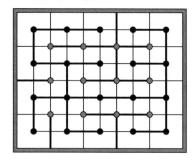

完全マッチングとの対応

テンパリー対応を完成させるために, もう一つのグラフ $\widetilde{G_{m,n}}$ を導入する(図6). 一言で言えば, これは $G_{m,n}$ と $G_{m,n}^* \backslash f_0^*$ (一般に, グラフ G とその頂点 v に対して, v とそれに接続するすべての辺を除去して得られるグラフを $G \backslash v$ という記号で表す)を重ねて描き, 辺同士の交点に新たな頂点を置いたものである. こうして $\widetilde{G_{m,n}}$ の頂点集合は次の3種類の頂点からなる:

1. $G_{m,n}$ の頂点
2. $G_{m,n}^* \backslash f_0^* = G_{m-1,n-1}$ の頂点
3. これらのグラフの辺の交点

これらをそれぞれ黒色, 灰色, 白色に塗って区別する. 一般の平面的グラフ G に対しても同様のグラフ $\widetilde{G}$ が定義されるが[2], $G_{m,n}$ に対する $\widetilde{G_{m,n}}$ は結果として $G_{2m-1,2n-1}$ と同じ形になる.

図6 $G_{m,n}$ と $G_{m,n}^* \backslash f_0^*$ を重ねて描き, 辺同士の交点に新たな頂点(白色)を置けば, $\widetilde{G_{m,n}}$ が得られる

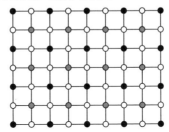

黒色と灰色の頂点を同色とみなせば, $\widetilde{G_{m,n}}$ (一般に $\widetilde{G}$)は平面的2部グラフになる. ただし, このままでは白頂点の方が1個少ないので, 2

---

1) $G_{m,n}^*$ の全域木を考えるときには, その根をここに選ぶこともできる. 木の根は大地(アース)にあるのが自然だろう.

部グラフとしての完全マッチングは存在しない[2]. そこで, $G_{m,n}$ の頂点 v_0 をひとつ選び, $\widetilde{G_{m,n}}$ からそれを除去したグラフ $\widetilde{G_{m,n}} \backslash v_0$ を考える(図7). そして, $G_{m,n}$ の各全域木 T に対して $\widetilde{G_{m,n}} \backslash v_0$ の完全マッチング M を以下に説明するように定める.

M は $\widetilde{G_{m,n}}$ における次のような辺 (v, p), (f^*, q) からなる(T^* は T に対して前節で説明したように定まる $G_{m,n}^*$ の全域木である):

1. v は v_0 と異なる黒頂点であり, p はそこから T に沿って v_0 に向かうとき最初に出会う白頂点である.
2. f^* は f_0^* と異なる灰頂点であり, q はそこから T^* に沿って f_0^* に向かうとき最初に出会う白頂点である.

たとえば, 図1に示した $G_{4,5}$ に対して, 左上の角の頂点を v_0 に選べば, 図5の全域木 T に対する M は図7のようになる. これはたしかに $\widetilde{G_{4,5}} \backslash v_0$ の完全マッチングになっている.

図7 $G_{m,n}$ の頂点 v_0 と全域木 T に対して $\widetilde{G_{m,n}} \backslash v_0$
の完全マッチング M(太線)が定まる
($G_{4,5}$ の左上の角の頂点を v_0 に選んだ場合を示す)

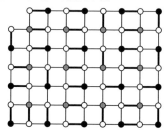

テンパリーは次のことを示した[1]:

定理 M は $\widetilde{G_{m,n}} \backslash v_0$ の完全マッチングである. さらに, v_0 が $G_{m,n}$ の境界の頂点ならば, この対応 $T \mapsto M$ によって定まる $\mathcal{T}(G_{m,n})$ から $\mathcal{M}(\widetilde{G_{m,n}} \backslash v_0)$ ($\widetilde{G_{m,n}} \backslash v_0$ の完全マッチング全体の集合)への写像 $T \mapsto M$ は全単射である.

これがテンパリー対応である. 特に, $G_{m,n}$ の左上の角の頂点を v_0

160

に選べば，$\mathcal{T}(G_{m,n})$ と $\mathcal{M}(\widetilde{G_{m,n}\backslash v_0})$ の間に 1 対 1 対応が得られて

$$|\mathcal{T}(G_{m,n})| = |\mathcal{M}(\widetilde{G_{m,n}\backslash v_0})| \tag{2}$$

という等式が成立する．図 7 に示すように，この場合の $\widetilde{G_{m,n}\backslash v_0}$ は $G_{2m-1,2n-1}$ から左上の角の頂点を除去したものにほかならない．その上では，$G_{2m-1,2n-1}$ 自体と違って，完全マッチングの数え上げ問題が意味をなす．しかし，そのように「不規則」な形のグラフでは，カステレイン行列の対角化を実行することが難しくなる．テンパリー対応 (2) はこのような場合に威力を発揮する．実際，(2) によってこの問題は $G_{m,n}$ や $G_{m,n}^*$ の全域木の数え上げ問題に翻訳されるが，こちらは次節で説明するように具体的に解けるのである．

　上の定理の証明はそれほど難しくないが，ここでは省略する(チュクの講義録[4]などを参照されたい)．長方形以外の形の正方格子の場合にも同様のことが成立する．さらに，辺に重みを付けて精密化することもできる．

3　$G_{m,n}$, $G_{m,n}^*$ の全域木の数え上げ

　(1) によれば，$G_{m,n}$ と $G_{m,n}^*$ のどちらの全域木を数え上げても同じ結果が得られるはずだが，行列と木の定理を適用しやすいのは後者である．後者の場合には，ラプラシアンから f_0^* に対応する行と列を除去した行列の行列式を求めればよいが，この行列の固有値問題は長方形領域上の差分方程式を「ディリクレ境界条件」の下で解くことに帰着する．この問題は第 12 章で用いた「変数分離法」によって扱える．以下ではこの計算を紹介する．

　ちなみに，$G_{m,n}$ の場合には，ラプラシアンから行と列を 1 つずつ除去した行列の固有値問題は変数分離法で解ける形にならないので，この方法は通用しない．しかし，じつはこの場合にも，行列と木の定理を少し修正したもの(ラプラシアン自体の固有値を用いて全域木の個数を表す公式)を用いれば，同様のやり方(ディリクレ境界条件の代わりに「ノイマン境

---

2)　一般の平面的グラフ G の場合には，これは頂点の個数 N_0，辺の個数 N_1，(外側の面も含めた)面の個数 N_2 の間に成立する等式(**オイラーの定理**)

$$N_0 - N_1 + N_2 = 2$$

からの帰結である．細部を埋めることは読者に任せる(双対グラフ G^* の頂点，辺，面の個数はそれぞれ N_2, N_1, N_0 になることに注意せよ)．

界条件」が現れる)で全域木の個数を求めることができる．これは興味深い題材だが，ページ数の関係でここでは説明を割愛する．関心をもつ読者はケニオンらの論文[2]を参照されたい．

いずれの場合でもグラフの縦辺と横辺のそれぞれに一定の重みを付けて計算を行うことができるが，ここでは重みを1にして全域木の個数のみを考えることにする．

頂点を f_0^*（番号を0とする）から順に並べることにすれば，$G_{m,n}^*$ のラプラシアン

$$L(G_{m,n}^*) = D - A(G_{m,n}^*)$$

（D は対角行列，$A(G_{m,n}^*)$ は隣接行列を表す）は

$$\begin{pmatrix} 2m+2n-4 & -a_{0,1} & \cdots & -a_{0,N} \\ -a_{1,0} & 4 & \ddots & \vdots \\ \vdots & \ddots & \ddots & -a_{N-1,N} \\ -a_{N,0} & \cdots & -a_{N,N-1} & 4 \end{pmatrix}$$

という形の行列になる．$G_{m,n}^*$ において f_0^* に隣接するのは部分グラフ $G_{m,n}^* \setminus f_0^* = G_{m-1,n-1}$（頂点数 $N = (m-1)(n-1)$）の境界の頂点であり（図4），ラプラシアンの $(0,0)$ 成分の値 $2m+2n-4$ はそれらの個数である．f_0^* 以外の頂点の次数はいずれも4であり，それが $(0,0)$ 成分以外の対角成分として現れている．非対角成分は対称性 $-a_{ij} = -a_{ji}$ をもつ．

このラプラシアンから最初の行と列を除去して得られる行列 $L^{(0,0)}$ は

$$L^{(0,0)} = 4I - A(G_{m-1,n-1})$$

と表せる．ここで I は単位行列，$A(G_{m-1,n-1})$ は $G_{m-1,n-1}$ の隣接行列である．この行列は $G_{m-1,n-1}$ 自体のラプラシアン $L(G_{m-1,n-1})$ とは対角成分が異なることに注意されたい[3]．行列と木の定理によれば，$G_{m,n}^*$ の全域木[4]の個数はこの行列の行列式で与えられる：

$$|\mathcal{T}(G_{m,n}^*)| = \det(4I - A(G_{m-1,n-1})) \tag{3}$$

この行列式の値を計算するために $4I - A(G_{m-1,n-1})$ の固有ベクトルと固有値を求める．その考え方は第12章で説明したカステレイン行列（正確に言えば，ケニオンによって修正された行列）の場合と同じである．

まず，$G_{m-1,n-1}$ の頂点を (i,j) $(i = 1, \cdots, m-1,\ j = 1, \cdots, n-1)$ という整数の組で番号付けする（図8）．これに伴って固有ベクトル $\boldsymbol{\phi}$ の成分は i, j を添え字とする「テンソル」ϕ_{ij} として扱われる．

次に，$\boldsymbol{\phi}$ に対する方程式

$$(4I - A(G_{m-1,n-1}))\boldsymbol{\phi} = \lambda\boldsymbol{\phi} \tag{4}$$

図 8　$G_{m-1,n-1}$ の頂点を正数の組 (i,j) で指定する

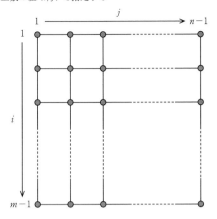

を ϕ_{ij} に対する差分方程式に翻訳する．$G_{m-1,n-1}$ において (i,j) が隣接し得るのは $(i\pm1,j)$, $(i,j\pm1)$ の 4 個のみである．(i,j) が $G_{m-1,n-1}$ の境界の上にあれば，このうちの 1 個あるいは 2 個が許容範囲から外れて除外される．この例外的な場合を無視して(4)を ϕ の成分で書き直せば

$$4\phi_{i,j}-\phi_{i+1,j}-\phi_{i-1,j}-\phi_{i,j+1}-\phi_{i,j-1}=\lambda\phi_{i,j} \tag{5}$$

となる．(i,j) が $G_{m-1,n-1}$ の境界にある場合も含めて扱うには，この方程式における i,j の動く範囲を

$$1\leqq i\leqq m-1, \qquad 1\leqq j\leqq n-1$$

としたうえで，ディリクレ境界条件

$$\phi_{0,j}=\phi_{m,j}=0, \qquad \phi_{i,0}=\phi_{i,n}=0 \tag{6}$$

を課せばよい．

　ここから先は第 12 章の計算と同様である．すなわち，$\phi_{i,j}$ を

$$\phi_{i,j}=u_iv_j$$

という「変数分離形」と仮定して，上の境界条件付き差分方程式を

$$u_{i+1}+u_{i-1}=\mu u_i, \qquad u_0=u_m=0$$

ならびに

3）　$G_{m-1,n-1}$ の境界の頂点は $G_{m-1,n-1}$ の中では次数が 3 であるが，$G_{m,n}^*$ 中では f_0^* とも接続しているので次数が 4 になる．

4）　前回紹介した行列と木の定理の証明を思い出せばわかるように，この設定では f_0^* を根とする（すなわち大地に根ざした）全域木を数え上げている．

$$v_{j+1} + v_{j-1} = \nu v_j, \qquad v_0 = v_n = 0$$

という1次元的問題に分離する．もとの問題の固有値 λ は

$$\lambda = 4 - \mu - \nu$$

という形で得られる．これらの1次元的問題の解として

$$u_i^{(k)} = \sin\frac{\pi ki}{m}, \qquad \mu_k = 2\cos\frac{\pi k}{m} \qquad (k = 1, \cdots, m-1)$$

ならびに

$$v_j^{(l)} = \sin\frac{\pi lj}{n}, \qquad \nu_l = 2\cos\frac{\pi l}{n} \qquad (l = 1, \cdots, n-1)$$

が得られる．こうして固有値問題(4)の $N = (m-1)(n-1)$ 個の固有ベクトル

$$\phi_{i,j}^{(k,l)} = u_i^{(k)} v_j^{(l)} \tag{7}$$

と固有値

$$\lambda_{k,l} = 4 - 2\cos\frac{\pi k}{m} - 2\cos\frac{\pi l}{n} \tag{8}$$

が得られる．

　求める全域木の個数は，これらの固有値の積として

$$|\mathcal{T}(G_{m,n}^*)| = \prod_{k=1}^{m-1}\prod_{l=1}^{n-1}\left(4 - 2\cos\frac{\pi k}{m} - 2\cos\frac{\pi l}{n}\right) \tag{9}$$

と表せる．すでに注意したように，テンパリー対応によって，これは $G_{2m-1,2n-1}$ から左上の角を除去したグラフの完全マッチングの個数も与えている．この少し不規則な形をしたグラフに対してカステレイン行列の方法を直接に適用することは難しい．テンパリー対応はこの難しい問題を易しい問題に変換しているのである．

　本章では $m \times n$ 正方格子の全域木数え上げについて考えたが，ケニオンらの論文では**アステカダイアモンド**[5]とその変形も同様の方法で扱っている．$m \times n$ 正方格子は無限正方格子から長方形 □（座標軸に平行な辺をもつ）の形に有限格子を切り出したものだが，アステカダイアモンドはダイアモンド ◇（45度に傾いた辺をもつ）の形に有限格子を切り出したものである．アステカダイアモンドも全域木や完全マッチングなどの観点から長年研究されてきた対象である．チュクの講義録[4]はその一端も紹介している．その中でも特に興味深いのは，長方形に変形されたアステカダイアモンドと**交代符号行列**との関係だろう．交代符号行列は $1, 0, -1$ をある条件を満たすように並べた正方行列であ

り，その数え上げは最高度の対称性をもつ平面分割（**完全対称自己相補的平面分割**[6]）の数え上げや統計力学の可解模型（**6 頂点模型**）とも関係がある[7].

参考文献

[1] H. N. V. Temperley, *Enumeration of graphs on a large periodic lattice*, in: T. P. McDonough and V. C. Mavron Eds., *"Combinatorics"*, London Mathematical Society Lecture Note Series vol. 13 (Cambridge University Press, 1974), 155-159.

[2] R. Kenyon, J. Propp and D. Wilson, *Trees and matchings*, El. J. Comb. **7** (2000), Research paper 25 (34pages).

[3] R. Kenyon and S. Sheffield, *Dimers, tilings and trees*, J. Comb. Theory, Ser. B, **92** (2004), 295-317.

[4] M. Ciucu, *"Perfect matchings and applications"*, MI レクチャーノート第 26 巻（九州大学数理学研究院, 2010）.
pdf ファイルが http://gcoe-mi.jp/publish_list/ より入手できる.

[5] C. ベルジュ（伊理正夫他訳），『グラフの理論 I』（サイエンス社, 1976）.

[6] P. W. Kasteleyin, *Graph theory and crystal physics*, in: F. Harary Ed., *"Graph Theory and Theoretical Physics"* (Academics Press, 1967), 43-110.

[7] D. M. Bressoud, *"Proofs and Confirmations: The Story of the Alternating Sign Matrix Conjecture"* (Cambridge University Press, 1999).

5） 南米のアステカ文明のピラミッドを上から眺めた形に似ているので，このように呼ばれるようである.

6） totally symmetric self-complementary plane partition（略して TSSCPP）の訳である.

線形代数の道具箱

　この付録では，読者が線形代数に不慣れな場合を想定して，本文で用いた線形代数の道具について手短かに解説する．詳細については金子の線形代数の教科書[1]や岡田の本[2]の上巻の付録などを参照されたい．

1　置換

　1 から n までの数の集合の間の全単射(すなわち 1 対 1 対応) $\sigma : \{1, \cdots, n\} \to \{1, \cdots, n\}$ を n **次の置換**と呼び，その全体の集合を S_n という記号で表す．置換は $1, \cdots, n$ の行き先を指定すれば決まるので，

$$\sigma(1) = i_1, \quad \cdots, \quad \sigma(n) = i_n$$

となる置換 σ を

$$\sigma = \begin{pmatrix} 1 & 2 & \cdots & n \\ i_1 & i_2 & \cdots & i_n \end{pmatrix}$$

と表す．$i_1, \cdots, i_n$ は $1, \cdots, n$ の順列であり，そのような順列は全部で $n!$ 個あるので，S_n も $n!$ 個の要素からなる．

　特別な置換として，恒等写像で与えられる置換を e という記号で表して，**単位置換**という．また，$1, \cdots, n$ の中で i, j だけを入れ替える置換

$$\sigma(i) = j, \quad \sigma(j) = i, \quad \sigma(k) = k \quad (k \neq i, j)$$

を i, j の**互換**と呼び，$(i\ \ j)$ と表す．その一般化として，$1, \cdots, n$ の中の $j_1, \cdots, j_r$ を順繰りに入れ替える置換

$$\sigma(j_1) = j_2, \quad \cdots, \quad \sigma(j_{r-1}) = j_r, \quad \sigma(j_r) = j_1,$$

$$\sigma(k) = k \qquad (k \neq j_1, \cdots, j_r)$$

を**巡回置換**と呼び，$(j_1 \quad \cdots \quad j_r)$ と表す．

　置換 σ, τ の写像としての合成 $\sigma \circ \tau$ を $\sigma\tau$ と表して，σ, τ の積と呼ぶ．このようにして定まる置換の積は結合性

$$(\rho\sigma)\tau = \rho(\sigma\tau) \qquad (\rho, \sigma, \tau \in S_n)$$

をもつ．また

$$e\sigma = \sigma e = \sigma \qquad (\sigma \in S_n)$$

であるから，単位置換はこの積の単位元である．さらに，任意の $\sigma \in S_n$ に対して

$$\sigma\tau = \tau\sigma = e$$

となるような τ がただ 1 つ存在する．τ を σ の逆と呼び，σ^{-1} という記号で表す．以上の意味で S_n は群をなす．この群を n **次対称群**という．

　各置換 σ には**符号** $\mathrm{sgn}(\sigma)$（± 1 のいずれかの値をとる）が定まる．符号にはいくつかの同値な定義がある．n 個の変数 $x_1, \cdots, x_n$ の**差積**

$$\Delta(x_1, \cdots, x_n) = \prod_{1 \leq i < j \leq n} (x_i - x_j)$$

を用いれば，符号は

$$\Delta(x_{\sigma(1)}, \cdots, x_{\sigma(n)}) = \mathrm{sgn}(\sigma)\Delta(x_1, \cdots, x_n) \tag{1}$$

という等式によって定義される．この定義から符号の乗法性

$$\mathrm{sgn}(\sigma\tau) = \mathrm{sgn}(\sigma)\mathrm{sgn}(\tau) \tag{2}$$

がわかる．また，$1, \cdots, n$ の中の対 i, j で

$$i < j, \qquad \sigma(i) > \sigma(j)$$

という条件を満たすものを**転倒対**，その個数を**転倒数**という．転倒数が k ならば，符号は

$$\mathrm{sgn}(\sigma) = (-1)^k \tag{3}$$

となる．

　たとえば，単位置換は転倒対をもたないので

$$\mathrm{sgn}(e) = 1 \tag{4}$$

となる．これと符号の乗法性から，任意の置換 σ に対して

$$\mathrm{sgn}(\sigma^{-1}) = \mathrm{sgn}(\sigma) \tag{5}$$

という等式が成立することがわかる．単位置換に次いで簡単なものは互換 $(i \quad j)$ であるが，その転倒数は $2(j-i-1)+1$ であり，符号は

$$\mathrm{sgn}(i \quad j) = -1 \tag{6}$$

となる．一般の巡回置換は互換の積として

付録 A　線形代数の道具箱

$$(j_1 \quad \cdots \quad j_r) = (j_r \quad j_1) \cdots (j_3 \quad j_1)(j_2 \quad j_1)$$

と表せる(他の表し方もある)ので，符号は

$$\mathrm{sgn}(j_1 \quad \cdots \quad j_r) = (-1)^{r-1} \tag{7}$$

となる．

2 行列式

$n \times n$ 正方行列 $A = (a_{ij})$ に対してその**行列式**

$$\det A = \begin{vmatrix} a_{11} & \cdots & a_{1n} \\ \vdots & \ddots & \vdots \\ a_{n1} & \cdots & a_{nn} \end{vmatrix}$$

が定義される．行列式の定義にはいくつかの流儀がある．

最も直接的な定義は行列式を n 次の置換全体にわたる総和として表すものだが，これにも

$$\det A = \sum_{\sigma \in S_n} \mathrm{sgn}(\sigma) a_{\sigma(1)1} \cdots a_{\sigma(n)n} \tag{8}$$

ならびに

$$\det A = \sum_{\sigma \in S_n} \mathrm{sgn}(\sigma) a_{1\sigma(1)} \cdots a_{n\sigma(n)} \tag{9}$$

という2通りの定義がある．前者は A の列に注目する定義であり，総和の各項は A の各列から σ で指定される成分 $a_{\sigma(j)j}$ を取り出して掛け合わせた単項式 $a_{\sigma(1)1} \cdots a_{\sigma(n)n}$ に符号 $\mathrm{sgn}(\sigma)$ を乗じたものである．同様の意味で，後者は A の行に注目する定義である．(8)と(9)が等しいこと，言い換えれば

$$\det {}^t\!A = \det A \tag{10}$$

という等式が成立することは簡単な組合せ的考察によって確かめられる．

このように定義される行列式は次に示す3つの基本的性質(**反対称性**, **多重線形性**, **正規化条件**)をもつ．逆に，行列式はこれらの性質によって一意的に特徴付けられるので，これを行列式の間接的定義(いわば「公理的定義」)として採用することもできる．A を列ベクトル $\boldsymbol{a}_1, \cdots, \boldsymbol{a}_n$ の並びとして

$$A = (\boldsymbol{a}_1 \quad \cdots \quad \boldsymbol{a}_n)$$

と表して，行列式を $\boldsymbol{a}_1, \cdots, \boldsymbol{a}_n$ で決まるもの

$$\det A = \det(\boldsymbol{a}_1 \quad \cdots \quad \boldsymbol{a}_n)$$

とみなそう．この記法を用いれば，3つの性質は以下のように表現できる．

（ⅰ）　**反対称性**：任意の $\sigma \in S_n$ に対して
$$\det(\boldsymbol{a}_{\sigma(1)} \quad \cdots \quad \boldsymbol{a}_{\sigma(n)}) = \operatorname{sgn}(\sigma)\det(\boldsymbol{a}_1 \quad \cdots \quad \boldsymbol{a}_n) \tag{11}$$

（ⅱ）　**多重線形性**：$i = 1, \cdots, n$ にわたって
$$\det(\cdots \quad \boldsymbol{a}_{i-1} \quad t\boldsymbol{a}_i + t'\boldsymbol{a}'_i \quad \boldsymbol{a}_{i+1} \quad \cdots)$$
$$= t\det(\cdots \quad \boldsymbol{a}_{i-1} \quad \boldsymbol{a}_i \quad \boldsymbol{a}_{i+1} \quad \cdots)$$
$$+ t'\det(\cdots \quad \boldsymbol{a}_{i-1} \quad \boldsymbol{a}'_i \quad \boldsymbol{a}_{i+1} \quad \cdots) \tag{12}$$

（ⅲ）　**正規化条件**：基本単位ベクトル $\boldsymbol{e}_i = (\delta_{ij})_{j=1}^n \ (i = 1, \cdots, n)$ に対して
$$\det(\boldsymbol{e}_1 \quad \cdots \quad \boldsymbol{e}_n) = 1 \tag{13}$$

これらの性質から，2つの列が等しいときには行列式の値が0になること
$$\det(\cdots \quad \boldsymbol{a} \quad \cdots \quad \boldsymbol{a} \quad \cdots) = 0 \tag{14}$$
や行列式の第 i 列に第 j 列の定数倍を加えても（これは列に関する「基本変形」の一種であるが）値が変わらないこと
$$\det(\cdots \quad \boldsymbol{a}_i + t\boldsymbol{a}_j \quad \cdots \quad \boldsymbol{a}_j \quad \cdots) = \det(\cdots \quad \boldsymbol{a}_i \quad \cdots \quad \boldsymbol{a}_j \quad \cdots)$$
$$\tag{15}$$
などが従う．行ベクトルについても同じ性質がある．

もう1つの重要な性質として，行列式は正方行列の積に関して乗法性
$$\det(AB) = \det A \det B \tag{16}$$
をもつ．あとで説明するコーシー–ビネ公式はこの性質の一般化とみなすことができる．

3　余因子

$n \times n$ 行列 $A = (a_{ij})$ と整数の組
$$I = (i_1, \cdots, i_m), \quad 1 \le i_1 < \cdots < i_m \le n,$$
$$J = (j_1, \cdots, j_m), \quad 1 \le j_1 < \cdots < j_m \le n$$
に対して，A から I に属する番号の行と J に属する番号の列だけを取り出した $m \times m$ 行列を A_{IJ} と表そう．すなわち
$$A_{IJ} = (a_{i_k j_l})_{k,l=1}^m$$

である． $\det A_{IJ}$ は m **次の小行列式**と呼ばれる．

さらに，I に属する番号の行と J に属する番号の列を除去した $(n-m) \times (n-m)$ 行列を $A^{(I,J)}$ と表そう．すなわち

$$A^{(I,J)} = A_{I^c, J^c}$$

である．ここで I^c, J^c は $\{1, \cdots, n\}$ における I, J の補集合の要素を並べた組を表す．特に，$I = (i)$，$J = (j)$ の場合には，この行列を $A^{(i,j)}$ と略記する．$A^{(I,J)}$ の行列式に符号因子を乗じたもの

$$\widetilde{A}_{IJ} = (-1)^{i_1 + \cdots + i_m + j_1 + \cdots + j_m} \det A^{(I,J)} \tag{17}$$

を**余因子**という．

初級の線形代数で学ぶ，狭い意味での余因子は

$$\tilde{a}_{ij} = (-1)^{i+j} A^{(i,j)}$$

である．それらを並べた行列

$$\widetilde{A} = (\tilde{a}_{ij})$$

を**余因子行列**という．余因子は $\det A$ の**余因子展開**

$$\det A = \sum_{i=1}^{n} a_{ij} \tilde{a}_{ij} \qquad (j = 1, \cdots, n) \tag{18}$$

$$\det A = \sum_{j=1}^{n} a_{ij} \tilde{a}_{ij} \qquad (i = 1, \cdots, n) \tag{19}$$

に a_{ij} の相方（「余…」とはそういう意味である）として現れる．さらに，これらを少しひねれば

$$\sum_{k=1}^{n} a_{ik} \tilde{a}_{jk} = (\det A) \delta_{ij},$$

$$\sum_{k=1}^{n} a_{ki} \tilde{a}_{kj} = (\det A) \delta_{ij}$$

という等式が得られる．これらの等式から，$\det A \neq 0$ のとき A の逆行列が

$$A^{-1} = \frac{{}^t\widetilde{A}}{\det A} = \left(\frac{\tilde{a}_{ji}}{\det A} \right)_{i,j=1}^{n} \tag{20}$$

と表せることがわかる．

4　ヴァンデルモンド行列式

ヴァンデルモンド行列式

$$V(x_1, \cdots, x_n) = \det(x_i^{n-j})_{i,j=1}^{n}$$

はさまざまな場面で登場する重要な行列式である．この行列式が差積に等しいこと

$$V(x_1, \cdots, x_n) = \Delta(x_1, \cdots, x_n) \qquad (21)$$

を n に関する帰納法によって示そう.

$n = 2$ のときには

$$V(x_1, x_2) = \begin{vmatrix} x_1 & 1 \\ x_2 & 1 \end{vmatrix} = x_1 - x_2 = \Delta(x_1, x_2)$$

となるので, たしかに (21) が成立している.

(21) が $V(x_1, \cdots, x_{n-1})$ の場合に成立すると仮定して, $V(x_1, \cdots, x_n)$ の場合を考える.

$$V(x_1, \cdots, x_n) = \begin{vmatrix} x_1^{n-1} & x_1^{n-2} & \cdots & x_1 & 1 \\ \vdots & \vdots & \ddots & \vdots & 1 \\ x_{n-1}^{n-1} & x_{n-1}^{n-2} & \cdots & x_{n-1} & 1 \\ x_n^{n-1} & x_n^{n-2} & \cdots & x_n & 1 \end{vmatrix}$$

において

- 第 1 列から第 2 列の x_n 倍を差し引く
- 第 2 列から第 3 列の x_n 倍を差し引く
- $\cdots$
- 第 $n-1$ 列から第 n 列の x_n 倍を差し引く

という基本変形 (15) をこの順に行えば, 行列式の値は変わらず,

$$V(x_1, \cdots, x_n) = \begin{vmatrix} * & \cdots & * & 1 \\ \vdots & \ddots & \vdots & \vdots \\ * & \cdots & * & 1 \\ 0 & \cdots & 0 & 1 \end{vmatrix}$$

となる. $*$ で示したブロックは $(x_i - x_n) x_i^{n-1-j}$ を (i, j) 成分とする $(n-1) \times (n-1)$ 行列であり, 右辺の行列式はこの部分の小行列式に帰着して

$$V(x_1, \cdots, x_n) = \det((x_i - x_n) x_i^{n-1-j})_{i,j=1}^{n-1}$$

となる. さらに多重線形性 (12) によって各行から $x_i - x_n$ をくくり出せば, 残る行列式は $V(x_1, \cdots, x_{n-1})$ であるから

$$V(x_1, \cdots, x_n) = V(x_1, \cdots, x_{n-1}) \prod_{i=1}^{n-1} (x_i - x_n)$$

となる. $V(x_1, \cdots, x_{n-1})$ に対しては (21) を仮定しているので, 右辺は

$$\Delta(x_1, \cdots, x_{n-1}) \prod_{i=1}^{n-1} (x_i - x_n) = \Delta(x_1, \cdots, x_n)$$

に等しい. こうして $V(x_1, \cdots, x_n)$ に対しても (21) が成立することがわかる.

5 固有値問題

正方行列 A に対して列ベクトル $\boldsymbol{x} \neq \boldsymbol{0}$ とスカラー λ が

$$A\boldsymbol{x} = \lambda\boldsymbol{x} \tag{22}$$

という等式を満たすとき, $\boldsymbol{x}$ を**固有ベクトル**, λ を**固有値**という. 与えられた正方行列に対して固有値と固有ベクトルを求める問題を**固有値問題**という.

固有値は**固有方程式**

$$\det(\lambda E - A) = 0 \tag{23}$$

によって特徴付けられる. この方程式の左辺に現れる λ の多項式 $\det(\lambda E - A)$ を**固有多項式**[1]という. A が $n \times n$ 行列ならば, 固有多項式は

$$\det(\lambda E - A) = \lambda^n - \mathrm{Tr}\, A \lambda^{n-1} + \cdots + (-1)^n \det A$$

という n 次多項式である. ここで $\mathrm{Tr}\, A$ は A の**トレース**

$$\mathrm{Tr}\, A = \sum_{j=1}^{n} a_{jj}$$

である. 固有多項式が

$$\det(\lambda E - A) = \prod_{i=1}^{n} (\lambda - \lambda_i)$$

と因数分解できれば, $\lambda_1, \cdots, \lambda_n$ が (重複も込めて並べた) 固有値のすべてであり, A のトレースと行列式はこれらによって

$$\mathrm{Tr}\, A = \sum_{i=1}^{n} \lambda_i, \quad \det A = \prod_{i=1}^{n} \lambda_i \tag{24}$$

と表せる.

固有方程式 (23) の解がわかれば, (22) を書き直した連立 1 次方程式

$$(\lambda E - A)\boldsymbol{x} = \boldsymbol{0}$$

の非自明な (すなわち $\boldsymbol{0}$ 以外の) 解として固有ベクトルが得られる. ただし, これは原理的な話であり, A が特別な場合には固有ベクトルが先にわかることもある. たとえば, 列ベクトル $\boldsymbol{u} = (u_i)_{i=1}^{n} \neq \boldsymbol{0}$ とスカラー v によって

$$A = \boldsymbol{u}\,{}^t\boldsymbol{u} + vE = (u_i u_j + v\delta_{ij})_{i,j=1}^{n} \tag{25}$$

と表される行列においては

（ⅰ）　$A\boldsymbol{u} = ({}^t\boldsymbol{u}\boldsymbol{u}+v)\boldsymbol{u}$ であるから[2]，$\boldsymbol{u}$ は固有値 ${}^t\boldsymbol{u}\boldsymbol{u}+v$ の固有ベクトルである．

（ⅱ）　${}^t\boldsymbol{u}\boldsymbol{x} = 0$ ならば $A\boldsymbol{x} = v\boldsymbol{x}$ であるから，そのような $\boldsymbol{x} \neq \boldsymbol{0}$ は固有値 v の固有ベクトルである．

あとで説明するように，このことに基づいて A の対角化を実行することもできる．

　一般に，正方行列 A の**対角化**とは，正則行列 U を選んで $U^{-1}AU$ を対角行列にすること

$$U^{-1}AU = \mathrm{diag}(\lambda_1, \cdots, \lambda_n) \tag{26}$$

（右辺は $\lambda_1, \cdots, \lambda_n$ を対角成分とする対角行列を表す）である．記号が示唆するように，これは A の固有値問題と密接に関係している．U を列ベクトルの並びとして

$$U = (\boldsymbol{u}_1 \quad \cdots \quad \boldsymbol{u}_n)$$

と表せば，U が正則であることは $\boldsymbol{u}_1, \cdots, \boldsymbol{u}_n$ の線形独立性と同値である．さらに，この条件のもとで(26)を

$$AU = U\,\mathrm{diag}(\lambda_1, \cdots, \lambda_n)$$

と書き直して両辺を列ベクトルに分けて考えれば，(26)は

$$A\boldsymbol{u}_j = \lambda_j\boldsymbol{u}_j \qquad (j = 1, \cdots, n)$$

という等式に帰着する．すなわち，$\boldsymbol{u}_1, \cdots, \boldsymbol{u}_n$ は固有値 $\lambda_1, \cdots, \lambda_n$ の固有ベクトルである．結局，対角化とは，与えられた $n \times n$ 行列に対して n 個の線形独立な固有ベクトルの組 $\boldsymbol{u}_1, \cdots, \boldsymbol{u}_n$ を求めることにほかならない．

　前述の(25)の対角化は以下のようにして実行できる．(ⅱ)の条件を満たすベクトル $\boldsymbol{x}$ として $n-1$ 個の線形独立なもの $\boldsymbol{u}_2, \cdots, \boldsymbol{u}_n$ を選ぶ．これと(ⅰ)の固有ベクトルを合わせた n 個の固有ベクトルの組 $\boldsymbol{u}$, $\boldsymbol{u}_2, \cdots, \boldsymbol{u}_n$ も全体として線形独立になる（これは「異なる固有値に属する固有ベクトルは線形独立である」という事実から従う）．したがって，これらを並べてできる正則行列 $U = (\boldsymbol{u} \quad \boldsymbol{u}_2 \quad \cdots \quad \boldsymbol{u}_n)$ によって A は

$$U^{-1}AU = \mathrm{diag}({}^t\boldsymbol{u}\boldsymbol{u}+v, v, \cdots, v) \tag{27}$$

と対角化される．特にその行列式は

1）　**特性多項式**などとも呼ばれる．「固有」も「特性」も「特別な」という意味である．

2）　$\boldsymbol{u}{}^t\boldsymbol{u}$ は $n \times n$ 行列であるが，${}^t\boldsymbol{u}\boldsymbol{u}$ はスカラーである．

$$\det A = ({}^{t}\boldsymbol{uu} + v)v^{n-1} \qquad (28)$$

と表せる.

6 ■ コーシー–ビネ公式

コーシー–ビネ公式は一般に $n \times N$ 行列 ($n \leqq N$ とする) $A = (a_{ij})$, $B = (b_{ij})$ に対して $\det(A{}^{t}B)$ を

$$\det(A{}^{t}B) = \sum_{J} \det A_{J} \det B_{J} \qquad (29)$$

というように展開する公式である. ここで J は

$$J = (j_1, \cdots, j_n), \qquad 1 \leqq j_1 < \cdots < j_n \leqq N$$

という正整数の組であり, 総和はそのような J 全体にわたるものである. また, A_J, B_J は A, B から J に属する番号の列を取り出した $n \times n$ 行列, すなわち

$$A_J = A_{(1, \cdots, n)J} = (a_{kj_l})^{n}_{k,l=1}, \qquad B_J = B_{(1, \cdots, n)J} = (b_{kj_l})^{n}_{k,l=1}$$

である. 特別な場合として, A, B が正方行列 (つまり $n = N$) の場合には, この公式は

$$\det(A{}^{t}B) = \det A \det \mathrm{B}$$

に帰着する. 転置に関する不変性 (10) に注意すれば, これは行列式の積公式 (16) と実質的に同じものである.

コーシー–ビネ公式を証明するために[3], A を n 次元列ベクトル $\boldsymbol{a}_j$ ($j = 1, \cdots, N$) を横に並べたもの

$$A = (\boldsymbol{a}_1 \quad \cdots \quad \boldsymbol{a}_N)$$

として表す. これに右から $B = (b_{ij})$ の転置を乗じたものは

$$A{}^{t}B = \left(\sum_{j=1}^{N} \boldsymbol{a}_j b_{1j} \quad \cdots \quad \sum_{j=1}^{N} \boldsymbol{a}_j b_{nj} \right)$$

と表せる (このあとの計算を見やすくするため, ベクトル $\boldsymbol{a}_j$ に乗じるスカラー b_{ij} をベクトルの右側に書いている). この表示を $\det(A{}^{t}B)$ に代入し, 列に関する多重線形性 (12) を用いて j に関する総和を展開する. その際, 総和を記述する j は列ごとに独立のものなので, 記号的に $j_1, \cdots, j_n$ というように区別する. これによって $j_1, \cdots, j_n$ に関する多重和への展開

$$\det(A{}^{t}B) = \sum_{j_1, \cdots, j_n = 1}^{N} \det(\boldsymbol{a}_{j_1} \quad \cdots \quad \boldsymbol{a}_{j_n}) b_{1j_1} \cdots b_{nj_n}$$

が得られる. $j_1, \cdots, j_n$ の中に重複があれば, 反対称性からの帰結 (14) によって $\det(\boldsymbol{a}_{j_1} \quad \cdots \quad \boldsymbol{a}_{j_n}) = 0$ となるので, そのような項は総和に残

らない．残る項は $j_1, \cdots, j_n$ が昇順 $j_1 < \cdots < j_n$ に並んだものと，それらを置換 $\sigma \in S_n$ で置き換えたもの $j_{\sigma(1)}, \cdots, j_{\sigma(n)}$ に対応する．反対称性 (11)によって，後者に現れる行列式は

$$\det(\boldsymbol{a}_{j_{\sigma(1)}} \quad \cdots \quad \boldsymbol{a}_{j_{\sigma(n)}}) = \text{sgn}(\sigma)\det(\boldsymbol{a}_{j_1} \quad \cdots \quad \boldsymbol{a}_{j_n})$$
$$= \text{sgn}(\sigma)\det(A_J)$$

と書き直せる．こうして $\det(A^tB)$ は

$$\det(A^tB) = \sum_J \sum_{\sigma \in S_n} \text{sgn}(\sigma)\det(A_J) b_{1j_{\sigma(1)}} \cdots b_{nj_{\sigma(n)}}$$

と表せる．$\det(A_J)$ は σ によらないので，σ に関する総和の外に出してよい．残る項の σ に関する総和は

$$\sum_{\sigma \in S_n} \text{sgn}(\sigma) b_{1j_{\sigma(1)}} \cdots b_{nj_{\sigma(n)}} = \det(B_J)$$

という行列式にまとまる．こうしてコーシー–ビネ公式(29)が得られる．

7 フレドホルム展開公式

フレドホルム展開公式は単位行列 E と正方行列 A（$n \times n$ 行列とする）の和の行列式を A の小行列式によって

$$\det(E+A) = 1 + \sum_{m=1}^{n} \sum_J \det A_{JJ} \tag{30}$$

と展開する公式である．ここで J は

$$J = (j_1, \cdots, j_m), \quad 1 \leqq j_1 < \cdots < j_m \leqq n$$

という正整数の組であり，総和はそのような J 全体にわたるものである．さらに，新たな変数 λ を導入して E を λE に，A を $-A$ に置き換えれば，この公式は固有多項式の展開公式

$$\det(\lambda E - A) = \lambda^n + \sum_{m=1}^{n} \lambda^{n-m}(-1)^m \left(\sum_J \det A_{JJ} \right) \tag{31}$$

になる（これが公式の本来の形である）．

(30)や(31)を証明するには（議論は同様なので，以下では前者の場合を説明するが）E と A をそれぞれ列ベクトルの並びとして

$$E = (\boldsymbol{e}_1 \quad \cdots \quad \boldsymbol{e}_n), \quad A = (\boldsymbol{a}_1 \quad \cdots \quad \boldsymbol{a}_n)$$

と表す．これによって(30)の左辺の行列式は

---

3) (8)や(9)に戻って直接的計算で証明するやりかたもある．岡田の本[2]の上巻の付録を参照されたい．

$$\det(E+A) = \det(\boldsymbol{e}_1+\boldsymbol{a}_1 \quad \cdots \quad \boldsymbol{e}_n+\boldsymbol{a}_n)$$

と表すことができる．各列は 2 つのベクトル $\boldsymbol{e}_j, \boldsymbol{a}_j$ の和であるから，多重線形性(12)によって，各列で一方のみを残した行列式の和に分けることができる．こうして

$$\det(E+A)$$

$$= \det(\boldsymbol{e}_1 \quad \cdots \quad \boldsymbol{e}_n) + \sum_{j=1}^{n} \det(\cdots \quad \boldsymbol{e}_{j-1} \quad \boldsymbol{a}_j \quad \boldsymbol{e}_{j+1} \quad \cdots)$$

$$+ \sum_{1 \leq j_1 < j_1 \leq n} \det(\cdots \quad \boldsymbol{e}_{j_1-1} \quad \boldsymbol{a}_{j_1} \quad \boldsymbol{e}_{j_1+1} \quad \cdots \quad \boldsymbol{e}_{j_2-1} \quad \boldsymbol{a}_{j_2} \quad \boldsymbol{e}_{j_2+1} \quad \cdots)$$

$$+ \cdots + \det(\boldsymbol{a}_1 \quad \cdots \quad \boldsymbol{a}_n) \tag{32}$$

という展開が得られる．この展開の一般項において，$\boldsymbol{a}_j$ を残した列の番号を $j_1, \cdots, j_m$，それ以外の列の番号を $k_1, \cdots, k_{n-m}$ と表そう．行列式の第 $j_1, \cdots, j_m$ 列を左へ，それ以外を右へ移動し，行についても同様の移動を行えば，反対称性(iii)によって生じる符号因子は行と列で打ち消しあう．結果として得られる行列式は

$$\det\begin{pmatrix} A_{JJ} & 0 \\ A_{J^cJ} & E \end{pmatrix} = \det A_{JJ}$$

となる．ここで J, J^c は

$$J = (j_1, \cdots, j_m), \qquad J^c = (k_1, \cdots, k_{n-m})$$

であり，これらに関して $n \times n$ 行列をブロック分けした．こうして (32)からフレドホルム展開公式(30)が得られる．

参考文献

［1］金子晃，『線形代数講義』(サイエンス社，2004).
［2］岡田聡一『古典群の表現論と組合せ論(上・下)』(培風館，2006).

フック公式

第 7 章ではシューア函数の特殊値 $d_\lambda(n) = s_\lambda(1, \cdots, 1)$ とその q-類似を用いてマクマホンの公式を導出した．第 8 章で紹介した対角断面の方法にもこのような特殊値が現れた．これらの特殊値はワイルの指標公式によってヴァンデルモンド行列式(言い換えれば差積)の比として表せる．平面分割の数え上げ問題では，この差積表示を用いて箱入り平面分割の個数を求めた．他方，これらの特殊値(半標準盤を数え上げている)にはフック公式と呼ばれる表示も知られている．また，半標準盤の条件を強めたヤング盤として標準盤があるが，標準盤の数え上げについてもフック公式がある．これらのフック公式はそれ自体が興味深いだけでなく，数え上げ幾何学や数理物理学でもさまざまな場面で利用されている．この付録ではこれらのフック公式を証明のアイディアとともに紹介する．

1 半標準盤の数え上げに関するフック公式

n 変数のシューア函数 $s_\lambda(x_1, \cdots, x_n)$ の特殊値

$$d_\lambda(n) = s_\lambda(1, \cdots, 1)$$

は λ 型のヤング図形に 1 から n までの整数を書き込んで得られる半標準盤の総数に等しい．表現論的に見れば，$d_\lambda(n)$ は $\mathrm{GL}(n, \mathbb{C})$ の λ 型既約表現の表現空間の次元である[1,2]．第 6 章で説明したように，ワイルの指標公式は $s_\lambda(x_1, \cdots, x_n)$ を行列式の比として表すが，そこにいきなり $x_1 = \cdots = x_n = 1$ を代入すると，分子と分母が 0 になり，値が計算できない．そこで新たな変数 q を導入し，$x_i = q^{n-i}$ を代入した

値（主特殊化）$s_\lambda(q^{n-1}, q^{n-2}, \cdots, 1)$ の極限値

$$d_\lambda(n) = \lim_{q \to 1} s_\lambda(q^{n-1}, q^{n-2}, \cdots, 1)$$

として $d_\lambda(n)$ を計算する.

ワイルの指標公式によって，$s_\lambda(q^{n-1}, q^{n-2}, \cdots, 1)$ は

$$s_\lambda(q^{n-1}, q^{n-2}, \cdots, 1) = \frac{\Delta(q^{l_1}, \cdots, q^{l_n})}{\Delta(q^{n-1}, q^{n-2}, \cdots, 1)} \qquad (1)$$

と表せる. ここで $l_1, \cdots, l_n$ は

$$\lambda = (\lambda_1, \cdots, \lambda_n), \qquad \lambda_1 \geqq \cdots \geqq \lambda_n \geqq 0$$

の成分から

$$l_i = \lambda_i + n - i \qquad (i = 1, \cdots, n) \qquad (2)$$

というように定まる数であり，$\Delta(x_1, \cdots, x_n)$ は差積

$$\Delta(x_1, \cdots, x_n) = \prod_{1 \leq i < j \leq n} (x_i - x_j)$$

を表す. 狭義単調減少性 $l_1 > \cdots > l_n \geqq 0$ から，上の表示式の分子と分母には 0 は現れない. ここで $q \to 1$ とすれば，$d_\lambda(n)$ の差積表示

$$d_\lambda(n) = s_\lambda(1, \cdots, 1) = \frac{\Delta(l_1, \cdots, l_n)}{\Delta(n-1, n-2, \cdots, 0)} \qquad (3)$$

が得られる. 言い換えれば，上の $s_\lambda(q^{n-1}, q^{n-2}, \cdots, 1)$ の差積表示(1)はこの差積表示の q-類似である.

フック公式は $d_\lambda(n)$ とその q-類似(1)をヤング図形のフックの言葉で表す. フックの概念には第9章で出会っている. 以下では，λ が表すヤング図形に対して，その転置を表す分割（共役分割 ${}^t\lambda$）を

$$\mu = (\mu_1, \cdots, \mu_m), \qquad \mu_1 \geqq \cdots \geqq \mu_m \geqq 0$$

と表す（λ と同様に，μ の成分にも 0 が現れることを許している）. このときヤング図形は $n \times m$ の長方形の中に収まっている. ヤング図形の箱 (i, j)[1] に対して，そこから右に境界まで並ぶ箱 (i, k) $(k = j+1, \cdots, \lambda_i)$ の並びと，下に境界まで並ぶ箱 (k, j) $(k = i+1, \cdots, \mu_j)$ の並びを (i, j) と合わせたものを (i, j) を角とするフックと呼ぶ（図1参照）. フックをなす箱の個数

$$h(i, j) = \lambda_i + \mu_j - i - j + 1$$

を**フック長**という. ちなみに，(i, j) から伸びる水平方向の箱の並び (i, k) $(k = j+1, \cdots, \lambda_i)$ をフックの**腕**といい，(i, j) から伸びる垂直方向の箱の並び (k, j) $(k = i+1, \cdots, \mu_j)$ をフックの**脚**と呼ぶ. それぞれの長さ $\lambda_i - j, \mu_j - i$ を**腕長**，**脚長**という.

これらの言葉を使えば，$d_\lambda(n)$ に対するフック公式は次のように定

式化される.

図1　(i, j) を角とするフック

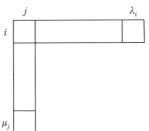

フック公式1

$$d_\lambda(n) = \frac{\prod_{(i,j) \in \lambda} (n+j-i)}{\prod_{(i,j) \in \lambda} h(i,j)} \qquad (4)$$

ここで $(i,j) \in \lambda$ は (i,j) が λ 型ヤング図形の箱であることを表している.

　フック公式(4)の右辺の分母はヤング図形のフック全体にわたる長さの積であるが,分子も**コンテント積**と呼ばれる特別な形をしている[2].一般に,整数に対して定義された函数 $f(k)$ によって

$$\prod_{(i,j) \in \lambda} f(j-i)$$

という形に表される量をコンテント積という.また,

$$\sum_{(i,j) \in \lambda} f(j-i)$$

を**コンテント和**という.

$$c(i,j) = j-i$$

は箱 $(i,j) \in \lambda$ の**コンテント**と呼ばれるからである.ヤング図形の組合せ論ではこれらの積や和もしばしば重要な役割を演じる.

---

1)　本文では図形としての特徴を意識して「正方形」という言葉を使ったが,以下では手短かに「箱」と呼ぶことにする.マヤ図形でも箱という言葉を使っているが,この後の考察ではヤング図形とマヤ図形を同じ平面上で見比べるので,むしろ「箱」に統一する方がよいだろう.
2)　ただし,(4)の右辺の分子は n に依存しているので,分割の長さに制限を設けない設定でのコンテント積とは異質である.

179　　　　　　　　　　付録B　フック公式

2 ヤング図形とマヤ図形

　フック公式(4)の証明を行う前に，ヤング図形とマヤ図形の関係(第5章)を思い出しておこう．$\lambda = (\lambda_1, \cdots, \lambda_n)$ のように有限整数列で表された分割の場合には，マヤ図形は非負整数 $0, 1, 2, \cdots$ で番号づけられた箱の並びにおいて，(2)で定義された番号 $l_1, \cdots, l_n$ の箱に粒子を入れたものとして表される．

　第5章ではこのヤング図形とマヤ図形の対応を図形的に表現する「ロシア式」の描き方を紹介した．そこではいつもの「イギリス式」のヤング図形を上下に裏返してから，左に45度に傾けてマヤ図形の上側に置いている．しかしながら，イギリス式のヤング図形に慣れていれば，ヤング図形をそのまま右に45度傾けてマヤ図形の下側に置く(言い換えれば，ロシア式を上下逆に描く)方がわかりやすい(図2参照)．富士山の上に雲がたなびいているように見えなくもないので，これは「日本式」の描き方と言えるかもしれない．

　この図2によってマヤ図形の各箱の粒子の有無とヤング図形の形状との関係を図形的に理解することができる．マヤ図形の粒子がある箱の番号は $l_1, \cdots, l_n$ である．右45度に傾けたヤング図形では各行の右端が右上向きの線分 ／ になるが，図2を見ればわかるように，これらの線分はマヤ図形の粒子がある箱と上下に対応している．他方，ヤング図形の各列の下端は右下向きの線分 ＼ になるが，これらの線分

図2　ヤング図形とマヤ図形の関係

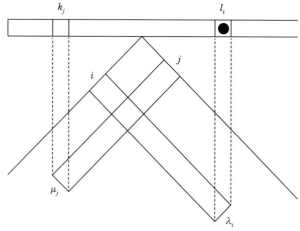

はマヤ図形の粒子がない箱と上下に対応している．このことから，粒子がない箱の番号は $\mu = {}^t\lambda$ と関係していることがわかる．$\mu = (\mu_1, \cdots, \mu_m)$ から非負整数 $k_1, \cdots, k_m$ を

$$k_j = n+j-1-\mu_j \quad (j = 1, \cdots, m) \tag{5}$$

と定める．$k_1, \cdots, k_m$ は狭義単調増加列 $0 \leqq k_1 < \cdots < k_m$ であり，マヤ図形の番号 $0, 1, \cdots, n+m-1$ の箱のうちで粒子がないものの番号にほかならない．一方では $l_1, \cdots, l_n$（こちらは狭義単調減少列である）は粒子がある箱の番号であるから，両者による $\{0, 1, \cdots, n+m-1\}$ の集合分割

$$\{0, 1, \cdots, n+m-1\} = \{l_i | i = 1, \cdots, n\} \cup \{k_j | j = 1, \cdots, m\} \tag{6}$$

が得られる[3]．

(6)はヤング図形の全体が定める集合分割であるが，図2でヤング図形の i 行目より下の部分（長さが $\lambda_{i+1}, \cdots, \lambda_n$ の帯からなる）を眺めれば，

$$\{0, 1, \cdots, l_i-1\} = \{l_j | j = i+1, \cdots, n\} \cup \{k_j | j = 1, \cdots, \lambda_i\} \tag{7}$$

という集合分割も見えてくる．この集合分割がフック公式の証明の鍵となる．

<h1>3 フック公式の証明</h1>

(3)の分子と分母を書き直して行く．分母の差積は

$$\Delta(n-1, n-2, \cdots, 0) = (n-1)!(n-2)! \cdots 1! \tag{8}$$

となる．分子の差積は次のように書き直せる．

補題1

$$\Delta(l_1, \cdots, l_n) = \frac{l_1! \cdots l_n!}{\prod_{(i,j) \in \lambda} h(i, j)} \tag{9}$$

証明 集合分割(7)を利用する[4]．この集合分割を $x \mapsto l_i-x$ という写像で反転すれば

$$\{1, 2, \cdots, l_i\}$$
$$= \{l_i-l_j | j = i+1, \cdots, n\} \cup \{l_i-k_j | j = 1, \cdots, \lambda_i\}$$

---

3) 岡田の本[2]ではこの主張を「フロベニウスの補題」として紹介している．

4) 岩堀の本[1]は(9)に対してマヤ図形を介しない直接的証明を紹介している．

となる．各集合に属する整数を掛け合わせることによって

$$l_i! = \prod_{j=i+1}^{n} (l_i - l_j) \cdot \prod_{j=1}^{\lambda_i} (l_i - k_j)$$

という等式が得られる．ただし，$i = n$ のときには，$\{l_i - l_j | j = i+1, \cdots, n\}$ を空集合に置き換えて

$$l_n! = \prod_{j=1}^{\lambda_n} (l_n - k_j)$$

とする．これらを $i = 1, \cdots, n$ にわたって掛け合わせれば

$$l_1! \cdots l_n! = \Delta(l_1, \cdots, l_n) \prod_{i=1}^{n} \prod_{j=1}^{\lambda_i} (l_i - k_j)$$

となる．ここでフック長が

$$h(i, j) = (\lambda_i + n - i) - (n + j - 1 - \mu_j) = l_i - k_j$$

と表せることに注意すれば[5]，上の等式の最後の2重積は

$$\prod_{i=1}^{n} \prod_{j=1}^{\lambda_i} (l_i - k_j) = \prod_{(i,j) \in \lambda} h(i, j)$$

と書き直せる．これらから(9)が得られる．　　　　□

(8)と(9)によって $d_\lambda(n)$ は

$$d_\lambda(n) = \frac{l_1! \cdots l_n!}{(n-1)!(n-2)! \cdots 1!} \frac{1}{\prod_{(i,j) \in \lambda} h(i, j)}$$

と表せる．あとは次の等式を示せば，フック公式(4)の証明が終わる．

補題2

$$\frac{l_1! \cdots l_n!}{(n-1)!(n-2)! \cdots 1!} = \prod_{(i,j) \in \lambda} (n + j - i) \tag{10}$$

証明　$l_i!/(n-i)!$ は

$$\frac{l_i!}{(n-i)!} = \frac{(\lambda_i + n - i)!}{(n-i)!} = \prod_{j=1}^{\lambda_i} (n + j - i)$$

と表せる．ただし，$\lambda_i = 0$ のときには最右辺を1と解釈する．これらを $i = 1, \cdots, n$ にわたって掛け合わせれば，(10)が得られる．　　　　□

4　フック公式の q-類似

$q \to 1$ へ極限移行する前の $s_\lambda(q^{n-1}, q^{n-2}, \cdots, 1)$ に対しては次のよう

なフック公式がある.

$$s_\lambda(q^{n-1}, q^{n-2}, \cdots, 1) = q^{n(\lambda)} \frac{\prod_{(i,j)\in\lambda} (1-q^{n+j-i})}{\prod_{(i,j)\in\lambda} (1-q^{h(i,j)})} \tag{11}$$

ここで $n(\lambda)$ は

$$n(\lambda) = \sum_{i=2}^{n} (i-1)\lambda_i$$

と定義される非負整数である[6].

　この公式は $d_\lambda(n)$ に対するフック公式(4)の q-類似になっている. 実際, $1-q^k$ は整数 k の q-類似とみなせるので[7], 右辺の分子と分母は (4)の右辺の分子と分母の q-類似である. $q^{n(\lambda)}$ は今の場合に特有の因子で, $q \to 1$ の極限では消える. この因子を別にすれば, この公式は (4)に現れる整数をすべて「q-整数」に置き換えた形をしている.

　この公式を証明するために, まず $s_\lambda(q^{n-1}, q^{n-2}, \cdots, 1)$ の差積表示(1) の右辺を次のように書き直す. $q^{n(\lambda)}$ という因子はこの書き直しに伴って現れる.

$$\frac{\Delta(q^{l_1}, \cdots, q^{l_n})}{\Delta(q^{n-1}, q^{n-2}, \cdots, 1)} = q^{n(\lambda)} \prod_{1\le i<j\le n} \frac{1-q^{l_i-l_j}}{1-q^{j-i}} \tag{12}$$

証明

$$\prod_{1\le i<j\le n} (q^{l_i}-q^{l_j})$$

$$= (-1)^{n(n-1)/2} \prod_{1\le i<j\le n} q^{l_j}(1-q^{l_i-l_j})$$

$$= (-1)^{n(n-1)/2} \prod_{j=2}^{n} q^{(j-1)l_j} \cdot \prod_{1\le i<j\le n} (1-q^{l_i-l_j}),$$

---

5) これはフック長がマヤ図形においてもつ意味を端的に表現している. 山田の本[4]の第8講を参照されたい.

6) シューア函数の変数の個数 n と混同しないように注意されたい.

7) $1-q$ との比 $\dfrac{1-q^k}{1-q}$ を k の q-類似と考える流儀もある. 実際, この比は $q \to 1$ の極限で k になる.

$$\prod_{1 \leq i < j \leq n} (q^{n-i} - q^{n-j})$$

$$= (-1)^{n(n-1)/2} \prod_{1 \leq i < j \leq n} q^{n-j} (1 - q^{j-i})$$

$$= (-1)^{n(n-1)/2} \prod_{j=2}^{n} q^{(j-1)(n-j)} \cdot \prod_{1 \leq i < j \leq n} (1 - q^{j-i})$$

ならびに

$$\sum_{j=2}^{n} (j-1) l_j - \sum_{j=2}^{n} (j-1)(n-j) = \sum_{j=2}^{n} (j-1) \lambda_j = n(\lambda)$$

から(12)がわかる. □

次に, (12)の右辺の2重積を $\prod_{1 \leq i < j \leq n} (1 - q^{l_i - l_j})$ と $\prod_{1 \leq i < j \leq n} (1 - q^{j-i})$ に分けて考える. 後者は

$$\prod_{1 \leq i < j \leq n} (1 - q^{j-i}) = \prod_{i=1}^{n-1} \prod_{k=1}^{n-i} (1 - q^k) \tag{13}$$

となるが, これは $(n-1)!(n-2)! \cdots 1!$ の q-類似である. 前者は次のように書き直せる.

補題 4

$$\prod_{1 \leq i < j \leq n} (1 - q^{l_i - l_j}) = \frac{\prod_{i=1}^{n} \prod_{k=1}^{l_i} (1 - q^k)}{\prod_{(i,j) \in \lambda} (1 - q^{h(i,j)})} \tag{14}$$

ただし, $l_n = 0$ のときには $\prod_{k=1}^{l_n} (1 - q^k)$ を 1 と解釈する.

証明 補題1の証明と同様である. (7)の各集合に属する整数 k ごとに q-整数 $1 - q^{l_i - k}$ を考えて, それらを掛け合わせることによって,

$$\prod_{i=1}^{n} \prod_{k=1}^{l_i} (1 - q^k) = \prod_{1 \leq i < j \leq n} (1 - q^{l_i - l_j}) \cdot \prod_{(i,j) \in \lambda} (1 - q^{l_i - k_j})$$

という等式が得られる. この等式における $q^{l_i - k_j}$ を $q^{h(i,j)}$ に書き直して, それらの積を左辺に回せば, (14)になる. □

(13)と(14)を(12)の右辺に代入して次の等式を用いれば, フック公式(11)の証明が終わる.

$$\frac{\displaystyle\prod_{i=1}^{n}\prod_{k=1}^{l_i}(1-q^k)}{\displaystyle\prod_{i=1}^{n-1}\prod_{k=1}^{n-i}(1-q^k)} = \prod_{(i,j)\in\lambda}(1-q^{n+j-i}) \tag{15}$$

ここでも, $l_n = 0$ のときには $\prod_{k=1}^{l_n}(1-q^k)$ を 1 と解釈する.

証明 $i = 1, \cdots, n-1$ に対して

$$\frac{\displaystyle\prod_{k=1}^{l_i}(1-q^k)}{\displaystyle\prod_{k=1}^{n-i}(1-q^k)} = \prod_{j=1}^{\lambda_i}(1-q^{n+j-i})$$

が成り立つ. また

$$\prod_{k=1}^{l_n}(1-q^k) = \prod_{j=1}^{\lambda_n}(1-q^j)$$

である ($l_n = \lambda_n = 0$ のときには両辺を 1 と解釈する). これらを掛け合わせて (15) を得る. □

5 $n = \infty$ の場合

以下では λ を

$$\lambda = (\lambda_i)_{i=1}^{\infty} = (\lambda_1, \cdots, \lambda_n, 0, 0, \cdots)$$

というように長さに制限を設けない分割とみなす (第 5 章でヤング図形とマヤ図形の対応を説明したときにそのような見方を説明した). シューア函数は対称函数だから,

$$s_\lambda(q^{n-1}, q^{n-2}, \cdots, 1) = s_\lambda(1, q, \cdots, q^{n-1})$$

という等式が成り立つ. 以下ではこの式の $n \to \infty$ での極限

$$s_\lambda(1, q, q^2, \cdots) = \lim_{n\to\infty} s_\lambda(1, q, \cdots, q^{n-1}) \tag{16}$$

を考えたい.

この極限は第 8 章の平面分割の対角断面の話 [8, 9] の中に隠れている. そこで紹介した箱入り平面分割の数え上げ母函数 $N_{r,r,t}(q)$ の展開式

$$N_{r,r,t}(q) = \sum_{\lambda \subseteq (t^r)} s_\lambda(q^{r-1/2}, q^{r-3/2}, \cdots, q^{1/2})^2 \tag{17}$$

を思い出そう．総和の各項をシューア函数の斉次性と対称性によって

$$s_\lambda(q^{r-1/2}, q^{r-3/2}, \cdots, q^{1/2}) = q^{|\lambda|/2} s_\lambda(1, q, \cdots, q^{r-1})$$

と書き直した上で $r, t \to \infty$ の極限を取れば，箱入りの条件を外した数え上げ母函数の展開式

$$N_{\infty,\infty,\infty}(q) = \sum_\lambda q^{|\lambda|} s_\lambda(1, q, q^2, \cdots)^2 \tag{18}$$

が得られる．右辺はあらゆる分割 $\lambda = (\lambda_i)_{i=1}^\infty$ にわたる総和である．この中に(16)が現れている．

(16)は q の形式的べき級数として意味がある．実際には，シューア函数 $s_\lambda(x_1, \cdots, x_n)$ 自体が無限変数 $\boldsymbol{x} = (x_i)_{i=1}^\infty$ の「函数」$s_\lambda(\boldsymbol{x})$ に拡張される．$s_\lambda(1, q, q^2, \cdots)$ はその $\boldsymbol{x} = (q^{i-1})_{i=1}^\infty$ での特殊値とみなせる．$s_\lambda(\boldsymbol{x})$ の1つの定義はヤング盤表示

$$s_\lambda(\boldsymbol{x}) = \sum_{T \in \mathcal{T}(\lambda, \mathbb{Z}_+)} \boldsymbol{x}^T$$

による．ここで $\mathcal{T}(\lambda, \mathbb{Z}_+)$ は λ 型ヤング図形に大きさの制限なしに正整数を並べた半標準盤全体の集合を表す($\mathbb{Z}_+$ は正整数全体の集合である)．そのような半標準盤 $T = (t_{ij})_{(i,j) \in \lambda}$ に対して $\boldsymbol{x}^T$ は

$$\boldsymbol{x}^T = \prod_{(i,j) \in \lambda} x_{t_{ij}}$$

という単項式を表す．$\mathcal{T}(\lambda, \mathbb{Z}_+)$ は無限集合だから，$s_\lambda(\boldsymbol{x})$ は多項式ではなくて，無限個の項を含む(しかも変数の個数も無限個の)一種の形式的べき級数である．それでも有限変数の場合に準じた取り扱いができる．$s_\lambda(\boldsymbol{x})$ をヤコビ–トゥルーディ公式に基づいて定義することもできるが，ここではその話には立ち入らない[8]．

じつはこの $s_\lambda(1, q, q^2, \cdots)$ に対してもフック公式がある．このフック公式は $s_\lambda(1, q, \cdots, q^{n-1})$ に対するフック公式(11)から導くことができる．q を $|q| < 1$ という条件を満たす複素数とみなして，$n \to \infty$ の極限を考えよう[9]．(11)はその設定でも意味をもつが，n に依存するのは分子のコンテント積だけである．このコンテント積に対して

$$\lim_{n \to \infty} \prod_{(i,j) \in \lambda} (1 - q^{n+j-i}) = 1$$

が成り立つ．こうして次のフック公式が得られる．

フック公式 3

$$s_\lambda(1, q, q^2, \cdots) = \frac{q^{n(\lambda)}}{\prod_{(i,j) \in \lambda} (1 - q^{h(i,j)})} \tag{19}$$

数理物理学への応用(たとえばマリーニョの本[7]の Excercise 9.1 参照)では，このフック公式を次のように書き直した形で用いることが多い.

フック公式 4

$$s_\lambda(q^{1/2}, q^{3/2}, q^{5/2}, \cdots) = \frac{q^{-\kappa(\lambda)/4}}{\prod_{(i,j)\in\lambda}(q^{-h(i,j)/2} - q^{h(i,j)/2})} \tag{20}$$

ここで $\kappa(\lambda)$ は

$$\kappa(\lambda) = \sum_{i=1}^{n}\lambda_i(\lambda_i - 2i + 1) = 2\sum_{(i,j)\in\lambda}(j-i)$$

と定義される整数である.

(20)は(19)から導出できるが，計算がかなり煩雑である．その核心部分は

$$n(\lambda) + \frac{|\lambda|}{2} = -\frac{\kappa(\lambda)}{4} + \frac{1}{2}\sum_{(i,j)\in\lambda}h(i,j)$$

という等式を証明することにあるが，ここでは説明は省く．なお，$\kappa(\lambda)$ がコンテント和であること，したがって $q^{-\kappa(\lambda)/4}$ がコンテント積であることにも注目されたい.

対角断面の観点[8,9]から見れば，$s_\lambda(\boldsymbol{x})$ の特殊化を考える点としては $\boldsymbol{x} = (q^{i-1})_{i=1}^{\infty}$ よりも $\boldsymbol{x} = (q^{i-1/2})_{i=1}^{\infty}$ の方が自然である．そもそも $N_{r,r,t}(q)$ の展開式(17)が q の半整数べきへの特殊化で書かれている．$N_{\infty,\infty,\infty}(q)$ の展開式(18)も

$$N_{\infty,\infty,\infty}(q) = \sum_{\lambda}s_\lambda(q^{1/2}, q^{3/2}, q^{5/2}, \cdots)^2$$

というように書き直すとすっきりする．オクニコフたちは，3次元ヤング図形の位相的弦理論への応用を論じているが[9][10]，そこではより一般的な形でシューア函数や歪シューア函数に対する q の半整数べきへの特殊化を用いている.

---

8) 無限変数のシューア函数の定義やそれを含む対称函数環の設定についてはマクドナルドの本[6]を参照されたい.

9) 実際には，この極限は q の形式的べき級数環の q 進距離に関する収束としても意味がある.

10) オクニコフたちは位相的弦理論の**位相的頂点**と呼ばれるもの[7]に対して3次元ヤング図形による説明を与えた．位相的頂点の考え方によれば，$N_{\infty,\infty,\infty}(q)$ はある特別な位相的弦理論の分配函数とみなせる．第7章ではそれがマクマホン関数と呼ばれるものになることを説明した.

標準盤の数え上げに関するフック公式

　標準盤は対称群の表現論と関係している[1, 2, 4, 10]．正整数 d を与えて，その分割 λ $(|\lambda| = d)$ を考える．これらの分割は d 次対称群 S_d の複素既約表現と 1 対 1 に対応している．λ 型標準盤は λ 型ヤング図形に $1, 2, \cdots, d$ を 1 ずつ，右方向と下方向に単調増加であるように書き込んだものである．言い換えれば，空のヤング図形から出発して，$1, 2, \cdots$ を順次付け加えて λ 型ヤング図形に至る，という成長過程が 1 つの標準盤を定める（図3参照）．

図3　ヤング図形の成長過程と標準盤

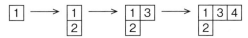

　λ 型標準盤の総数を f^λ という記号で表す．これは λ が定める S_d の複素既約表現の表現空間の次元に等しい．実際，この既約表現をあるやり方で構成するとき，表現空間の基底は標準盤でラベル付けされている．この状況は複素一般線形群の既約表現における表現空間の基底と半標準盤の関係に似ている．

　f^λ には漸化式がある．$1, \cdots, d$ を書き込んだ標準盤から d の箱を除去すれば，1 つ小さい標準盤ができる，ということに注意されたい．

　このことから $f^\lambda = f^{\lambda_1 \cdots \lambda_n}$ に対して次の漸化式が得られる：

$$f^{\lambda_1 \cdots \lambda_n} = \sum_{i=1}^{n} f^{\cdots \lambda_{i-1}, \lambda_i - 1, \lambda_{i+1}, \cdots} \tag{21}$$

ただし右辺の総和の中の項 $f^{\cdots \lambda_{i-1}, \lambda_i - 1, \lambda_{i+1}, \cdots}$（ヤング図形の第 i 行の右端の箱を除去したものに相当する）において

$$\lambda_{i-1} \geqq \lambda_i - 1 \geqq \lambda_{i+1}$$

という不等式が成り立たない（言い換えれば，箱を除去したものがヤング図形にならない）ときには，その項は 0 とみなす．f^λ は $d = 1$ の場合の値 $f^{(1)} = f^1 = 1$ から出発してこの漸化式によって順次定まって行く．

　この漸化式(21)から，f^λ に対して次の明示公式が得られる（フルトンの本[5]に詳しい説明がある）：

$$f^\lambda = |\lambda|! \frac{\Delta(l_1, \cdots, l_n)}{l_1! \cdots l_n!} \tag{22}$$

これを補題1で示した等式(9)と見比べれば，f^λ に対して次のフック

公式が成り立つことがわかる.

フック公式 5

$$f^\lambda = \frac{|\lambda|!}{\prod_{(i,j)\in\lambda} h(i,j)} \tag{23}$$

(3)と(22)の差積表示や(4)と(23)のフック公式が示すように,$d_\lambda(n)$ と f^λ はかなり似ている.そもそも,どちらもヤング図形やヤング盤に関わる話である.このことの背後には,一般線形群の既約表現と対称群の既約表現の間に成り立つ**シューア–ワイル双対性**という関係がある[1, 2, 10].そこからシューア函数と対称群の既約表現の指標 $\chi^\lambda(\sigma)$ ($\sigma \in S_d$) を関連付ける等式も得られる.その表現論的関係式からの帰結の1つとして,f^λ(S_d の単位元における $\chi^\lambda(\sigma)$ の値に等しい)の行列式表示

$$f^\lambda = |\lambda|! \det\left(\frac{1}{(\lambda_i-i+j)!}\right)^n_{i,j=1} \tag{24}$$

がある.ただし,右辺の行列式の行列成分 $1/(\lambda_i-i+j)!$ は $\lambda_i-i+j < 0$ のときには 0 と解釈する.このヤコビ–トゥルーディ公式を連想させる行列式表示から(22)を導くこともできる.

実際,(24)はヤコビ–トゥルーディ公式と関係している.じつは,f^λ はシューア函数 $s_\lambda(\boldsymbol{x})$ をべき和

$$p_k = \sum_{i=1}^\infty x_i^k$$

の函数(実際には多項式になる)とみなしたもの $S_\lambda(p_1, p_2, \cdots)$ によって

$$f^\lambda = |\lambda|! S_\lambda(1, 0, 0, \cdots) \tag{25}$$

と表せる[11].$S_k(\boldsymbol{x}) = S_{(k)}(\boldsymbol{x})$ に対する右辺の特殊値は

$$S_k(1, 0, 0, \cdots) = \frac{1}{k!}$$

となる.この意味で,(24)の行列式表示は $S_\lambda(p_1, p_2, \cdots)$ に対するヤコビ–トゥルーディ公式からの帰結と考えることもできる.

なお,山田の本[4]の第9講はここで紹介したものとはまったく異な

---

11) フェルミオンの**フォック空間**とその上の作用素(オクニコフたちの論文[9]を参照されたい)を用いれば,f^λ の定義からこの表示を導出することができる.可積分系の理論[3]でよく知られているように,$S_\lambda(p_1, p_2, \cdots)$ 自体がフェルミオンによる表示をもつ.

付録 B フック公式

る視点から f^λ のフック公式とその一般化を解説している．フック公式の奥深さを知る題材としてそちらも参照されたい．

参考文献

［1］岩堀長慶『対称群と一般線型群の表現論』(岩波書店，1978／岩波オンデマンドブックス，2019)．

［2］岡田聡一『古典群の表現論と組合せ論(上・下)』(培風館，2006)．

［3］三輪哲治・神保道夫・伊達悦郎『ソリトンの数理』(岩波書店，2007／岩波オンデマンドブックス，2016)．

［4］山田裕史『組合せ論プロムナード』(日本評論社，2009)．

［5］W. Fulton, "*Young tableaux*" (Cambrridge University Press, 1997).

　　和訳：池田岳・井上玲・岩尾慎介，『ヤング・タブロー』(丸善出版，2019)．

［6］I. G. Macdonald, "*Symmetric Functions and Hall Polynomials*" 2nd ed. (Oxford University Press, 1999).

［7］M. Mariño, "*Chern-Simons theory, matrix models, and topological strings*" (Oxford University Press, 2005).

［8］A. Okounkov and N. Reshetikhin, *Correlation function of Schur Process with application to local geometry of a random 3-Dimensional young diagram*, J. Amer. Math. Soc. **16**, (2003), 581-603.

［9］A. Okounkov, N. Reshetikhin and C. Vafa, *Quantum Calabi-Yau and classical crystals*, in: P. Etingof, V. Retakh and I. M. Singer Eds., *The unity of mathematics*, Progr. Math. **244**, Birkhäuser, 2006, 597-618.

［10］B. E. Sagan, "*The symmetric groups: representations, combinatorial algorithms, and symmetric functions*" 2nd ed. (Springer, 2001).

発展的話題

　本文で取り上げた話題にはさらに深い内容に発展するものが少なくない．この付録ではその一部を紹介する．紙数が限られているので，詳しい説明や証明はほとんど省略する．関心をもつ読者は最後に掲げる参考文献を参照されたい．

1 　対称性をもつ３次元ヤング図形の数え上げ

　第I部では一般的形状の３次元ヤング図形の数え上げ問題を扱ったが，各種の対称性条件のもとでの数え上げ問題も研究されている．これらの数え上げ問題を解くには問題に応じた工夫が必要であり，それを通じて新たな発展の方向や他の問題との関連も見えてくる（マクドナルドの本[1]やブレスードの本[2]に詳しい解説や参考文献の一覧がある）．

　第I部と同様に，ここでも平面分割 $\pi = (\pi_{ij})_{i,j=1}^{\infty}$ と xyz 空間内の３次元ヤング図形を同一視する．この３次元ヤング図形は xy 平面の単位正方形 $[i-1,i] \times [j-1,j]$ の上に π_{ij} 個の単位立方体を積んだものである．そこで，下から k 番目の立方体 $[i-1,i] \times [j-1,j] \times [k-1,k]$ を数の組 (i,j,k) で表し，立方体 (i,j,k) が３次元ヤング図形に含まれていることを $(i,j,k) \in \pi$ と表す．同様の意味で，$r \times s \times t$ の直方体 $B(r,s,t) = [0,r] \times [0,s] \times [0,t]$ も単位立方体の集まりとみなして，立方体 (i,j,k) が $B(r,s,t)$ に含まれることを $(i,j,k) \in B(r,s,t)$ と表す．

　３次元ヤング図形の対称性条件はスタンレイ（R. P. Stanley）によって分類されている．これらの条件は３次元ヤング図形に対応するひし形

タイル張り(第10章参照)の対称性条件でもある. 対称性条件の例を以下に示す.

（ⅰ） $(i, j, k) \mapsto (j, i, k)$ という写像(位数2の巡回群 $\mathbb{Z}_2$ を生成する)のもとで不変な(すなわち $(i, j, k) \in \pi \Longrightarrow (j, i, k) \in \pi$ という条件を満たす)3次元ヤング図形は $\pi_{ij} = \pi_{ji}$ という条件($\pi = {}^t\pi$ と略記する)を満たす平面分割(**対称平面分割**)に対応する(図1). 対応するひし形タイル張りが左右対称になるので，以下ではこのような3次元ヤング図形は**左右対称**(vertically symmetric, 略して VS)であるということにする[1]. 数え上げ問題としては，$B(r, r, t)$ に含まれるそのような3次元ヤング図形を数え上げることが問題になる.

図1 一般的な3次元ヤング図形(左)と
　　　 左右対称な3次元ヤング図形(右)

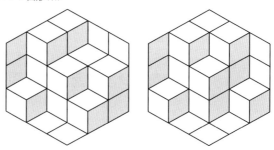

（ⅱ） $(i, j, k) \mapsto (j, k, i)$ という写像(位数3の巡回群 $\mathbb{Z}_3$ を生成する)のもとで不変な3次元ヤング図形は**巡回対称**(cyclically symmetric, 略して CS)であるという(図2左). 対応するひし形タイル張り(正6角形の内部を埋めるものになる)は中心周りの120度の回転に関して不変なものになる. 数え上げ問題としては，$B(r, r, r)$ に含まれる巡回対称な3次元ヤング図形を数え上げることが問題になる.

（ⅲ） (ⅰ)と(ⅱ)の条件を合わせれば，(i, j, k) の任意の置換(対称群 S_3 を生成する)に関する対称性条件になる. このような3次元ヤング図形は**完全対称**(totally symmetric, 略して TS)であるという(図2右). 数え上げ問題としては，$B(r, r, r)$ に含まれる完全対称な3次元ヤング図形を数え上げることが問題になる.

（iv）　$B(r,s,t)$ の中の3次元ヤング図形 π に対して，$B(r,s,t)$ にお
ける π の補集合を $(i,j,k) \mapsto (r-i+1, s-j+1, t-k+1)$ とい
う写像で写したものも $B(r,s,t)$ の中の3次元ヤング図形にな
る．これを π^c という記号で表す（第8章で長方形の中のヤング図形
λ に対して補集合のヤング図形 λ^c を考えたが，その3次元版である）．
$\pi^c = \pi$ となるとき π は **自己相補的**（self-complementary, 略して SC）
であるという．自己相補的な3次元ヤング図形が存在するため
には r,s,t は偶数でなければならない．

（v）　完全対称で自己相補的な3次元ヤング図形（図3）は最高度の対
称性をもつ．ひし形タイル張りに翻訳すれば，タイルを張る領
域は1辺の長さが偶数の正6角形であり，タイル張りは正6角

図2　巡回対称な3次元ヤング図形（左）と
完全対称な3次元ヤング図形（右）

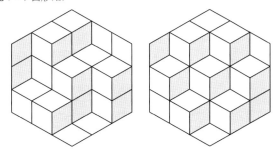

図3　$B(4,4,4)$ に含まれる完全対称自己相補的3次元ヤング図形

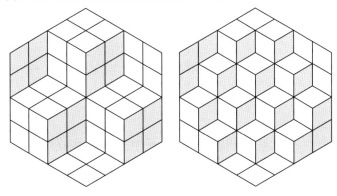

---

1)　実際には「対称平面分割」ですませることが多い．

形の中心周りの60度回転と対角線に関する折り返し(位数12の正2面体群を生成する)について不変になる. 数え上げ問題としては $B(2r, 2r, 2r)$ に含まれるそのような3次元ヤング図形を数え上げることが問題になる.

これらの中でも，**完全対称自己相補的**(totally symmetric self-complementary, 略して TSSC)3次元ヤング図形の数え上げ問題はきわめて奥深い内容をもつ. ミルズ(W. H. Mills)，ロビンズ(D. P. Robbins)，ラムゼイ(H. Rumsey, Jr.)はこの問題を1980年代に取り上げて，$B(2r, 2r, 2r)$ に含まれるそのような3次元ヤング図形の個数(本文で用いた記号にならって $N_{2r,2r,2r}^{\mathrm{TSSC}}$ と表そう)が

$$N_{2r,2r,2r}^{\mathrm{TSSC}} = \prod_{i=1}^{r-1} \frac{(3i+1)!}{(r+i)!} \tag{1}$$

と表せることを予想した. その後，ミルズたちはこの問題と交代符号行列の数え上げ問題との関係を指摘して，$r \times r$ 交代符号行列の個数 A_r も同じ数になる

$$A_r = \prod_{i=1}^{r-1} \frac{(3i+1)!}{(r+i)!} \tag{2}$$

という予想(**交代符号行列予想**)を立てた. $N_{2r,2r,2r}^{\mathrm{TSSC}}$ に対する予想は1990年代前半にアンドリュース(G. E. Andrews)によって解決された[3]. 交代符号行列予想は1990年代半ばにザイルバーガー(D. Zeilberger)とクーパーバーグ(G. Kuperberg)によって解決された[4,5]. ザイルバーガーは N_{2r}^{TSSC} と A_r のそれぞれに対してある表示式を導き，それらが等しいことを式変形によって示したが，これは大変複雑で長い証明だった. 他方，クーパーバーグは交代符号行列と統計力学の6頂点模型との関係に注目して，簡潔で直接的な証明を与えた. 交代符号行列の研究はその後新たな方向に発展しているが(岡田[6]や石川・岡田[7]の解説記事を参照されたい)，$N_{2r,2r,2r}^{\mathrm{TSSC}} = A_r$ という等式の意味はまだ完全には解明されていないようである.

2 左右対称な3次元ヤング図形の数え上げ

前節で列挙した数え上げ問題の中でも左右対称な3次元ヤング図形の場合は他の場合に比べて単純だが，直交群の既約指標や第13章で触れた非交差経路和のパフ式表示とも関係するなど，十分に興味深い

内容をもつ．この問題を第8章の対角断面の方法の観点から見てみよう．

変数 q を導入し，$B(r, r, t)$ の中の左右対称な3次元ヤング図形 π に重み $q^{|\pi|}$ を付けて足しあげたもの

$$N_{r,r,t}^{\mathrm{VS}}(q) = \sum_{\pi \subseteq B(r,r,t), \pi = {}^t\pi} q^{|\pi|}$$

を考える．対角断面の方法を適用すれば，以下のようにして，この母函数とシューア函数との関係(マクドナルドの本[1]の第I章5節やブレスードの本[2]の第4章3節を参照されたい)が説明できる．

左右対称な3次元ヤング図形は主対角断面 $\lambda = \pi(0) \subseteq (t^r)$ と対角断面列の左半分 $\{\pi(m)\}_{m=-r}^0$ を表現する半標準盤 $L = (l_{ij}) \in \mathcal{T}(\lambda, \{1, \cdots, r\})$ で決まる．一般の形状の場合にならって，変数 $\boldsymbol{x} = (x_1, \cdots, x_r)$ を用意して，2つ組 (λ, L) の母函数

$$N_{r,r,t}^{\mathrm{VS}}(\boldsymbol{x}) = \sum_{(\lambda, L)} \boldsymbol{x}^L, \qquad \boldsymbol{x}^L = \prod_{(i,j) \in \lambda} x_{l_{ij}}$$

を考える．$\boldsymbol{x}$ を

$$\boldsymbol{x} = (q^{2r-1}, q^{2r-3}, \cdots, q)$$

に特殊化すれば，単項式 $\boldsymbol{x}^L$ は

$$\boldsymbol{x}^L = \prod_{(i,j) \in \lambda} q^{2r-2l_{ij}+1}$$

という値をとる．$2r - 2l_{ij} + 1$ はこの3次元ヤング図形の中で第8章の図4のように決まる「くの字」の部分(今の場合には左右対称である)の体積にほかならないので，それらを $(i, j) \in \lambda$ にわたって総和したものは $|\pi|$ に等しい．したがって

$$\boldsymbol{x}^L = q^{|\pi|}$$

となる．こうして最初の母函数との関係

$$N_{r,r,t}^{\mathrm{VS}}(q^{2r-1}, q^{2r-3}, \cdots, q) = N_{r,r,t}^{\mathrm{VS}}(q) \tag{3}$$

がわかる．

$N_{r,r,t}^{\mathrm{VS}}(\boldsymbol{x})$ の定義において L についての総和を先に実行すれば，

$$\sum_{L \in \mathcal{T}(\lambda, \{1, \cdots, r\})} \boldsymbol{x}^L = s_\lambda(\boldsymbol{x})$$

であるから，$N_{r,r,t}^{\mathrm{VS}}(\boldsymbol{x})$ は

$$N_{r,r,t}^{\mathrm{VS}}(\boldsymbol{x}) = \sum_{\lambda \subseteq (t^r)} s_\lambda(\boldsymbol{x}) \tag{4}$$

と表すことができる．これを(3)のように特殊化すれば，最初の母函数とシューア函数の関係

$$N_{r,r,t}^{\mathrm{VS}}(q) = \sum_{\lambda \subseteq (t^r)} s_\lambda(q^{2r-1}, q^{2r-3}, \cdots, q) \tag{5}$$

がわかる.

(4)の右辺は直交群 $\mathrm{SO}(2r+1, \mathbb{C})$ の既約指標(正確にいえば, **既約有理表現**の指標)という表現論的な解釈をもつ. $\mathrm{SO}(2r+1, \mathbb{C})$ を

$$g^{-1} = J^t g J$$

という等式を満たす複素正則行列 $g \in \mathrm{GL}(2r+1, \mathbb{C})$ の群として実現しよう. ここで J は反対角線に 1 を並べた行列

$$J = (\delta_{i+j, 2r+2})_{i,j=1}^{2r+1}$$

である[2]. $\mathrm{SO}(2r+1, \mathbb{C})$ の既約有理表現は**半整数分割**と呼ばれる半整数の組 $\mu = (\mu_1, \cdots, \mu_r)$ で決まる. ここで $\mu_1, \cdots, \mu_r$ は半整数であり, 単調減少条件 $\mu_1 \geqq \cdots \geqq \mu_r$ を満たす. この既約有理表現(ρ_μ という記号で表そう)の指標 $\mathrm{Tr}\,\rho_\mu$ は $\mathrm{SO}(2n+1, \mathbb{C})$ 上の類函数であるから, 対角行列

$$g = \mathrm{diag}(x_1, \cdots, x_r, 1, x_1^{-1}, \cdots, x_r^{-1})$$

に対する値を考えれば十分である. 直交群に対するワイルの指標公式によって, 一般線形群の場合と同様に, この値も 2 つの行列式の商として

$$\mathrm{Tr}\,\rho_\mu(g) = \frac{\det(x_i^{\mu_j+r-j+1/2} - x_i^{-(\mu_j+r-j+1/2)})_{i,j=1}^r}{\det(x_i^{r-j+1/2} - x_i^{-(r-j+1/2)})_{i,j=1}^r} \tag{6}$$

と表すことができる. さらに, マクドナルド(I. Macdonald), ステンブリッジ, 岡田聡一やクラッテンターラー(C. Krattenthahler)らの結果(石川・岡田の解説[7], ステンブリッジの論文[9]ならびにそれらの引用文献を参照されたい)によれば, (4)に現れたシューア函数の和は

$$\mu = ((t/2)^r) = (t/2, \cdots, t/2) \qquad (r \text{個の } t/2 \text{を並べる})$$

という半整数分割の定める既約指標を用いて

$$\sum_{\lambda \subseteq (t^r)} s_\lambda(x) = (x_1 \cdots x_r)^{t/2}\, \mathrm{Tr}\,\rho_{((t/2)^r)}(g) \tag{7}$$

と表すことができる.

(7)によって, (5)の右辺は指標公式(6)を $\mu = ((t/2)^r)$ に適用して $\boldsymbol{x} = (q^{2r-1}, q^{2r-3}, \cdots, q)$ に特殊化したものとみなせる. 指標公式の分母はヴァンデルモンド行列式の類似物であり,

$$\det(x_i^{r-j+1/2} - x_i^{-(r-j+1/2)})_{i,j=1}^r$$

$$= (x_1 \cdots x_r)^{-r+1/2} \prod_{i=1}^r (x_i - 1) \prod_{1 \leq i < j \leq r} (x_i - x_j)(x_i x_j - 1) \tag{8}$$

という公式が知られている(岡田の本[8]参照). この公式の右辺を

196

$D(x_1, \cdots, x_r)$ という記号で表そう.指標公式の分子も特殊化によって同じ型の行列式になることがわかり,(5)の右辺の和は

$$\sum_{\lambda \subseteq (t^r)} s_\lambda(q^{2r-1}, q^{2r-3}, \cdots, q) = q^{r^2 t} \frac{D(q^{t+2r-1}, q^{t+2r-3}, \cdots, q^{t+1})}{D(q^{2r-1}, q^{2r-3}, \cdots, q)} \quad (9)$$

と表せる.これをマクマホンの公式のような形に書き直すこともできる.

3 トーラス上のダイマー模型

第II部ではダイマー模型に対するカステレインの方法[10,11]を平面的有限グラフの場合に説明した.以下ではトーラス上の有限グラフの場合の取り扱い方,特に,ダイマー模型の研究に新時代を開くことになったケニオンらの方法[13]を簡単に紹介する.詳細については原論文やケニオンの解説[12]を参照されたい.なお,行列式の代わりにパフ式を用いれば2部グラフ以外のグラフも扱えるが,ここでは話を2部グラフに限定する.

トーラス T を平面 $\mathbb{R}^2$ の商空間 $T = \mathbb{R}^2/L$ として表す.ここで L は**基本周期** ω_1, ω_2 の生成する格子

$$L = \mathbb{Z}\omega_1 + \mathbb{Z}\omega_2 = \{k\omega_1 + l\omega_2 \,|\, k, l \in \mathbb{Z}\}$$

である.$\mathbb{R}^2$ の中の平行四辺形

$$D = \{t_1\omega_1 + t_2\omega_2 \,|\, t_1, t_2 \in |[0,1]\}$$

は**基本領域**であり,(t_1, t_2) をその座標として用いることもできる.D の相対する辺同士は T^2 の中で同一視されて,トーラスを1周する閉路 α, β を定める.α, β には t_1, t_2 が増加する方向に向きを定めておく.

トーラス上の図形は平面上の L による平行移動で不変な(すなわち**2重周期的**)図形と対応する.特に,トーラス上の2部グラフ G は平面上の2重周期的な2部グラフ $\widetilde{G}$ と対応する(一例として,正方格子の場合を図4(次ページ)に示す).これから基本周期をそれぞれ m, n 倍したトーラス

$$T_{m,n} = \mathbb{R}^2/L_{m,n}, \quad L_{m,n} = \mathbb{Z}m\omega_1 + \mathbb{Z}n\omega_2$$

---

2) 線形代数では $g^{-1} = {}^tg$ という等式を満たす行列を直交行列と呼ぶが,これは J の代わりに単位行列 E を用いることに相当する.J を用いる直交群の実現は表現論的に良い性質をもち,もう1つの古典群である斜交群 $\mathrm{Sp}(2r, \mathbb{C})$ とも比較しやすいので,表現論では広く用いられている(岡田の本[8]参照).

　　　　　　　　付録C　発展的話題

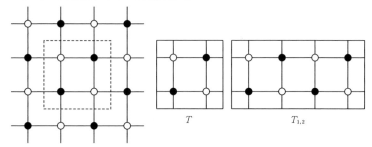

T $T_{1,2}$

の上にグラフ $G_{m,n}$ が定まる．言い換えれば，$G_{m,n}$ は G を α, β に沿って切り開き，その mn 個のコピーを $m \times n$ に並べてつなぎ直したものである．

　一般に，2 部グラフ $G = (V_1, V_2, E)$（V_1, V_2 は白頂点と黒頂点の集合，E は辺集合を表す）の各辺 $e \in E$ に重み $W(e) > 0$ を指定すれば，G 上のダイマー模型が定まる．その分配函数 $Z = Z_G$ は

$$Z = \sum_{M \in \mathcal{M}(G)} W(M), \qquad W(M) = \prod_{e \in E} W(e)$$

と定義される．ここで $\mathcal{M}(G)$ は G の完全マッチング全体の集合を表す．トーラス上の 2 部グラフの場合には，重みを $\widetilde{G}$ 上に 2 重周期的に拡張することによって，$G_{m,n}$ 上にもダイマー模型が定まる．この $G_{m,n}$ 上の模型の $m, n \to \infty$ における熱力学的極限によって，基本領域あたりの自由エネルギー

$$F = - \lim_{m,n \to \infty} \frac{\log Z_{G_{m,n}}}{mn}$$

などが定義される．非周期的な有限グラフを大きくする極限によってこのような熱力学的物理量を扱うこともできなくはないが（第 10 章参照），周期的模型の方が非周期的模型よりも対称性が高いため，さまざまな計算がやりやすくなる．ケニオンらはそのような観点からトーラス上のダイマー模型に取り組み，それまではほとんど正方格子のみに限定されていた熱力学極限の研究を一気に一般のグラフにまで押し広げたのである．

　第 11 章と第 12 章で紹介した平面的グラフの場合のカステレインの方法では，2 部グラフの頂点全体を適当に番号付けして

$$V_1 = \{w_1, \cdots, w_N\}, \qquad V_2 = \{b_1, \cdots, b_N\}$$

と表し，各辺 $e \in E$ に符号因子 $\varepsilon(e)$ を指定して，$N \times N$ 行列 $K = (K_{ij})_{i,j=1}^{N}$ を

$$K_{ij} = \begin{cases} \varepsilon(w_i, b_j)W(w_i, b_j) & ((w_i, b_j) \in E \text{ のとき}) \\ 0 & ((w_i, b_j) \notin E \text{ のとき}) \end{cases}$$

と定める．その行列式を定義通りに展開すれば，

$$\det K = \sum_{M \in \mathcal{M}(G)} \pm W(M) \tag{10}$$

というように，完全マッチングの重みの符号付きの総和になる．各項の符号 $\pm$ が M によらず一定ならば(定符号条件)，それを外に出すことができて

$$\det K = \pm \sum_{M \in \mathcal{M}(G)} W(M) = \pm Z \tag{11}$$

となり，分配函数が $|\det K|$ として表せる．第11章で示したように，この定符号条件は G の任意の単純閉路 C に対して

$$\varepsilon(C) = (-1)^{|C|/2-1} \tag{12}$$

という等式が成立すれば満たされる．ここで $\varepsilon(C)$ は C に沿って辺の符号因子を掛け合わせたものであり，$|C|$ は C の辺の個数を表す．G が平面的であれば，(12)は G の各面 F の境界 ∂F（偶数本の辺からなる多角形）に対する条件

$$\varepsilon(\partial F) = (-1)^{p-1} \quad (F \text{ が } 2p \text{ 角形のとき}) \tag{13}$$

に帰着し，それを満たすように辺の符号因子 $\varepsilon(e)$ を選ぶことができる．

　トーラス上のグラフの場合には上の説明の最後の部分が破綻する．一般の単純閉路 C に対する条件(12)を G の各面の境界に対する条件(13)に帰着させるには，C を G の面の合併の境界として表さなければならないが，トーラス上にはそのように表せない（すなわち，ホモロジー的に自明でない）閉路があり得るからである．実際，カステレインが正方格子に対して示したように[10]，(13)が成立するように辺の符号因子を選んでも，トーラスの場合には(10)の展開に正負両方の符号が現れる．カステレインは符号の現れ方を位相幾何学的に説明して，K（改めて K^{++} と表す）の定義において α, β を横切る辺の符号を逆にした行列 K^{-+}, K^{+-}, K^{--}（α, β の一方のみについて修正したものと両方について修正したもの）を導入し，分配函数が（全体にかかる符号を除いて）

$$Z = \frac{1}{4}(-\det K^{++} + \det K^{-+} + \det K^{-+} + \det K^{--}) \tag{14}$$

と表せることを示した．

ケニオンらはカステレインのアイディアを発展させて，2変数 z, w に依存する行列 $K(z, w)$ をトーラス上のダイマー模型のカステレイン行列として導入した[13]．これは α, β を横切る辺 $e = (w_i, b_j)$ に対する K の成分 K_{ij} に図5のような乗数 $z^{\pm 1}, w^{\pm 1}$ を乗じたもので，前述の $K^{\pm\pm}$ は $K(\pm 1, \pm 1)$ に一致する．たとえば，図4の $T_{1,n}$ 上のグラフ $G_{1,n}$（これは第12章で最初に扱った $2 \times n$ 格子のトーラス上の類似であり，そこで用いた頂点の番号付けや辺の重み・符号をそのまま利用できる）の場合には，$K(z, w)$ は

$$K(z, w) = \begin{pmatrix} a+aw & -b & 0 & \cdots & 0 & bz^{-1} \\ b & a+aw^{-1} & -b & \ddots & & 0 \\ 0 & \ddots & \ddots & \ddots & \ddots & \vdots \\ \vdots & \ddots & \ddots & \ddots & \ddots & 0 \\ 0 & & & b & a+aw & -b \\ -bz & 0 & \cdots & 0 & b & a+aw^{-1} \end{pmatrix}$$

$$\tag{15}$$

という行列（3重対角行列に右上隅と左下隅の成分が加わった形をしている）になる．ケニオンらはこのような $K(z, w)$ の行列式

$$P(z, w) = \det K(z, w)$$

を**特性多項式**と呼び，それを用いて熱力学極限における自由エネルギー F の2重周回積分表示

$$F = -\oint \frac{dz}{2\pi\sqrt{-1}\,z} \oint \frac{dw}{2\pi\sqrt{-1}\,w} \log|P(z, w)| \tag{16}$$

（積分路は単位円周 $|z| = |w| = 1$）などを導いた．さらに，$\mathbb{C}^2$ において $P(z, w) = 0$ という方程式で定義される複素代数曲線（リーマン面）を**スペクトル曲線**と呼び，それに伴う**アメーバ**と呼ばれる幾何学的構造が熱力学極限の相構造（固相，液相，気相の3相からなる）と関係していることを明らかにした．

図5　乗数 $z^{\pm 1}, w^{\pm 1}$ の決め方

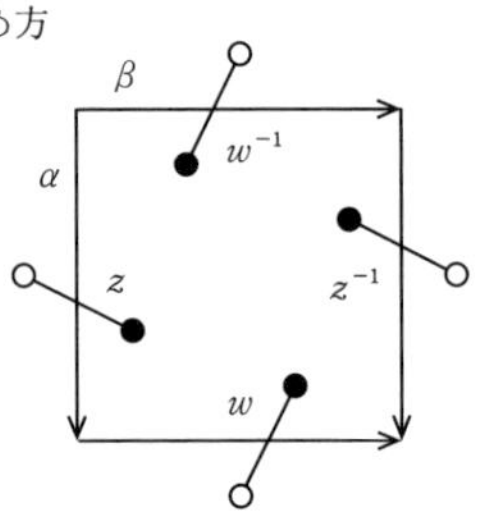

z, w は周期的境界条件のもとで微分作用素や差分作用素の固有値問題を扱う際に現れる**ブロッホ**(Bloch)**乗数**と同じものである．実際，$K(z, w)$ は $\widetilde{G}$ に対するカステレイン行列（無限行列になる）をブロッホ乗数によって有限行列に「畳んだ」ものと解釈できる．この解釈から，G の特性多項式 $P(z, w)$ と $G_{m,n}$ の特性多項式 $P_{m,n}(z, w)$ が

$$P_{m,n}(z, w) = \prod_{k=0}^{m-1} \prod_{l=0}^{n-1} P(e^{2\pi\sqrt{-1}k/m} z^{1/m}, e^{2\pi\sqrt{-1}l/n} w^{1/n}) \tag{17}$$

という関係で結ばれることがわかる[13]（興味をもつ読者は(15)の場合にこの関係式を直接に確かめてみるとよい）．この関係式(2重周期的グラフの併進対称性を反映している)が熱力学的極限を扱う際の鍵となる．

参考文献

[1] I. G. Macdonald, *"Symmetric Functions and Hall Polynomials"* 2nd ed. (Oxford University Press, 1999).

[2] D. M. Bressoud, *"Proofs and Confirmations: The Story of the Alternating Sign Matrix Conjecture"* (Cambridge University Press, 1999).

[3] G. Andrews, *Plane partitions: V. The TSSCPP conjecture*, J. Combin. Theory Ser. A **66** (1994), 28-39.

[4] D. Zeilberger, *Proof of the alternating sign matrix conjecture*, Elec. J. Comb. **3** (1996), Research Paper 13 (84pages).

[5] G. Kuperberg, *Another proof of the alternating sign matrix conjecture*, Internat. Math. Res. Notices **1996** (1996), 139-150.

[6] 岡田聡一，交代符号行列の数え上げ問題，『数理科学』2008年12月号(サイエンス社)，33-39.

[7] 石川雅雄・岡田聡一，行列式・パフィアンに関する等式とその表現論，組合せ論への応用，『数学』第62巻第1号(岩波書店，2010)，85-114.

[8] 岡田聡一『古典群の表現論と組合せ論(上・下)』(培風館，2006).

[9] J. R. Stembridge, *Nonintersecting paths, Pfaffians, and plane partitions*, Adv. in Math. **83** (1990), 96-131.

[10] P. W. Kasteleyn, *The statistics of dimers on a lattice: I. The number of dimer arrangements on a quadratic lattice*, Physica **27** (1961), 1209-1225.

[11] P. W. Kasteleyin, *Graph theory and crystal physics*, in: F. Harary Ed., *"Graph Theory and Theoretical Physics"* (Academics Press, 1967), 43-110.

[12] R. Kenyon, *Lectures on dimers*, 電子論文. http://archiv.org/abs/0910.3129

[13] R. Kenyon, A. Okounkov and S. Sheffield, *Dimers and amoeba*, Ann. of Math. **163** (2006), 1019-1056.

髙﨑金久
たかさき・かねひさ
1956年，石川県生まれ．近畿大学理工学部教授，京都大学名誉教授．
専門は代数解析学と数理物理学で，特に長年にわたって可積分系を
追求しているが，最近は組合せ論的構造にも関心を持っている．
おもな著書として『［復刊］可積分系の世界』(共立出版)，
『解析学百科II 可積分系の数理』(共著，朝倉書店)，
『線形代数とネットワーク』，『学んでみよう！記号論理』(いずれも日本評論社)
などがある．

線形代数と数え上げ[増補版]

2012年 6 月30日　第1版第1刷発行
2021年12月15日　増補版第1刷発行

著者————髙﨑金久
発行所————株式会社 日本評論社
　　　　　　〒170-8474　東京都豊島区南大塚3-12-4
　　　　　　電話　03-3987-8621(販売)
　　　　　　　　　03-3987-8599(編集)
印刷所————株式会社 精興社
製本所————株式会社 難波製本
装丁————山田信也(ヤマダデザイン室)